大是文化

超過 100 種文案與話術示範，
一堂價值 210 億韓元的銷售技能課，
現在你用一本書的錢就能學到。

왜 그 사람이 말하면 사고 싶을까？
끄덕이고，빠져들고，
사게 만드는 9 가지 '말'의 기술

聽到他說話，我就想買！

金氏世界紀錄的韓國銷售天王，讓顧客立馬打開錢包的九大銷售技巧

韓國銷售天王，LG、沃爾瑪、
韓國金融研修所延聘講師
張文政——著　邱麟翔——譯

目錄

目錄

推薦序一

要學會賣東西說得動人之前，建議你先去逛街

口語表達專家、企業講師／王東明

因為工作的關係，至今我還是維持上街購物的習慣，並不是自己愛買，而是想當「神祕客」，體驗店家的銷售人員如何向我販售商品。

二〇二〇年八月，我接下了亞洲知名鑽石珠寶品牌的培訓輔導專案。在這之前，我一直以為只有要結婚的人才會購買該品牌的產品，做了功課之後才發現，該品牌的金飾出乎意料的時尚又有設計感。連平時不戴飾品的我，都有點心動了，但心動不見得我會行動。以此為契機，我要公司提供給我臺灣前三大的專櫃人員名單，決定實際去現場體驗看看他們的銷售技術。

八月有父親節，而百貨公司也正處於週年慶期間，是個實地探訪的好時機，於是我跟助理以購買「父親節禮物」為由，喬裝成顧客，前往五家販售同品牌的店家試探，看看他們是不是像主管跟我形容的一樣，雖然具備專業又有禮貌，跟客戶之間卻有一道透明的牆。

後來我真的去逛街了，想說如果對方真的說得好，說不定我當下就會買下他推銷的商

品。一星期之內，我總共跑了五家百貨公司，他們的服務大致上沒有什麼問題，我（客人）問什麼對方就回答什麼，非常的專業、笑容也很親切，甚至還生動的拿出了計算機打折扣給我看，同時跟我說：「現在買非常划算……。」卻還是沒有勾起我想要購買商品的衝動。

過沒多久，我用同樣的理由在臺中西屯區的某百貨專櫃，在飾品專櫃銷售人員Andy的服務之下，得到了截然不同的體驗。

他看到我提著另一家百貨公司的提袋，順口說：「今天是你們的逛街日啊？」我回答：「對啊！我去另一家百貨逛，想說看一下有沒有什麼特別的父親節禮物，結果買了衣服。」Andy接著說：「哇，您真孝順！最近已經很少年輕人會買父親節禮物送給爸爸了，看得出來您跟爸爸感情很好喔！」（從這短短一句話，就可以知道Andy為什麼是全臺業績第一名）。

Andy繼續問道：「有想要買什麼嗎？」我說：「其實我是來看電影，但距離電影開演還有一個小時，想說順便逛一下金飾、手鍊。」Andy說：「沒有看到您喜歡的嗎？」我回答：「有，只是不知道爸爸會不會喜歡。因為我們父子都沒戴首飾的習慣，哈哈！」他繼續問：「您父親從事什麼產業？」我：「室內設計。」Andy：「通常都是這樣的，不管您買什麼給您父親，我相信您的父親一定會很開心，而且一定會配戴，還可能到處跟朋友『獻寶』。

「既然您的父親是從事室內設計，一定會喜歡本公司今年主打的『經典系列』，每一款都是設計師親自設計，注重線條，每個金飾都有它代表的故事。例如這顆串珠叫『守護』，可以在配戴的過程中感受到兒子用愛守護父親！另外這款串珠『方勝紋』是古代傳統的吉祥圖案，寓意為同心相連。在我看來，這兩款都很適合您買來當父親節禮物，可以將這禮物視為祥瑞之物，這樣您父親的事業會更加順利。」

截至目前為止，Andy都沒有提到任何產品價格，以及產品規格的相關細節（雖然我知道都是九九九純金，也大概知道價格落在哪）。但是Andy只用短短的時間，就讓我從原本只打算逛逛，到產生想買的想法，一路提升到「一定要買」的層次。同樣的商品只有Andy能「說動」我。

不論你是賣什麼產品，如果你沒有為顧客帶來讓他感覺有價值、有溫度的購買體驗，那客戶直接在網路上購買就好了！

這本《聽到他說話，我就想買！》的作者，講述了很多的例子、成功與失敗的經驗。其中，我最喜歡本書作者親自示範的章節，同樣的產品在不同的季節、不同的受眾族群，行銷與銷售方式也要有所不同。甚至整理成表格讓讀者一讀就秒懂其間的差異。

如果你想要在銷售技巧或是行銷溝通上，提升到另一個層次，那麼這本書就很適合你。

推薦序二

會做事是能力，會說話能無往不利

知名行銷專家／我是艾薇。蕭

對於大部分的人來說，做事比講話容易多了，很多人也會認為只要把事情做好，那就算是盡忠職守，已經很足夠。但事實上並非如此，語言的重要性遠比你想像的高出許多。

你或許發現，有些人長得其貌不揚，也沒有大富大貴，為何就是能把到許多妹？又或是長相普通的女生，怎麼有那麼多人追？為何看起來溫吞的人卻是業務高手？而那些莫名其妙連升三級的人到底是有多大的能耐？

其實人與人相處，最重要的就是透過言語溝通交流，如何讓人信任你、喜歡你、進而對你示好，給你正向的回饋，絕大部分都是因為擅長與人對談。許多人吃虧於不善於跟人溝通，縱使有滿腹才華，還是無法吸引伯樂。

我以前有個同事，非常認真努力，十八般武藝樣樣都行，會寫文案、做設計、會拍片剪輯，連製作網站都不是問題，他什麼都會，但就是在跟老闆或客戶報告時，面對自己寫好的完美文案，不知道是緊張還是害羞，一個字都講不出來，最後還是我幫他將簡報報告完，老闆才知道他要表達什麼。當然，也因為這樣，他遲遲無法加薪、升職，最後抑鬱離開公司。

有人可能會說：「我就是天生性格內向，不善言辭，那是不是就沒救了？」其實性格內向的人，還是可以透過不斷學習及海量練習，進而表達出想說的話，**許多頂尖業務高手不見得是性格活潑的人，但他們絕對知道在什麼時候該講出什麼話，可以讓客戶買單。**

學會說話的技巧是門大學問，憑自己摸索很難大躍進，有時聽聽他人建議、看看別人的經驗，學習別人的技巧，可以進步神速。我覺得自己算是很會說話了，但讀了大是文化出版的《聽到他說話，我就想買！》，真的覺得還有許多學習的空間，這是想在職場上嶄露頭角之人的必備書，如果將書內技巧練到熟能生巧，打通任督二脈，我想不但能在業務上有很大的進步，在人際關係上也會有相當大的收穫，非常推薦給大家。

前言
價值兩百一十億韓元的銷售技能，用一本書的錢就學到

本書的案例遍及房地產、金融、保險、健康食品、時裝、生活用品、餐飲等領域，就像任何濃郁的湯頭都需要豐富的湯料才能煮成，我也盡可能充實本書的內容。如果各位讀者能夠在閱讀之後獲得一股如同飽餐後的知識滿足感，我的努力就有意義。

語言是人類最珍貴的資產，曾有學者指出人類語言共有三千多種，最新報告則顯示應達七千多種。然而，語言的種類雖多，且在形式與結構上變化多元，但功能與目的只有一種，即「清晰傳達某個內容」。若做不到這一點，即使是再出色的字句，也會失去語言本身存在的意義。

以商品的語言為例，商品的外包裝上寫滿了廣告字句，但仔細一讀，會發現其中隱含模糊不清的內容，這就像原本期待喝到一碗濃郁的燉湯，最後卻得到毫無湯料且無味的清湯。透過灰濛濛的鏡片觀看世界，你只會看見一片混沌且沉悶的景象。行銷與銷售也是如此，沒

有什麼事情比當你聽不到想要聽到的資訊、對方只有一堆廢話的時候更令人生氣。語言必須是清晰的，因此我們都應該學習如何使用理性的語言。

人類的思考、感知、推理、洞察、理解能力的運作，很多時候都由理性來主導。理性甚至更勝於信念。英國哲學家葛瑞林（A. C. Grayling）曾說過，信念的對立面為理性。此處所指的信念是指偏向感性的盲目輕信，而解方就是理性。

近年來，雖然行銷活動非常注重感性層面，無論電影或廣告都要置入感性的元素才能成功。但是，這其中遺漏了一項重要事實：感性只會在像是毫無利害關係或沒有目的性的相親場合裡才能真正適用，但行銷與銷售的目的卻是讓對方掏出腰包，如果從感性層面切入，顯然會以失敗告終。許多情況下，**先主打理性訴求（rational appeal）再提出感性訴求（emotional appeal），才是有效的做法。**

廣告學雖然強調感性訴求（我也是主修過廣告學的），但只要在業界實際從事過行銷顧問就會知道：廣告與銷售是兩個截然不同的領域。本書所談論的銷售是以面對面為主的「直接銷售」（man-to-man sales），若要讓初次見面的人掏錢購買，訴求感性，有多少效用？

今日，依然有許多講師宣稱，初次與顧客見面時，必須先從破冰開始。但是，一份以兩百名消費者為對象的調查結果卻相反，對現在的顧客而言，如果對方在談話過程中提出不必要、偏向感性的說詞，顧客反而會覺得煩躁、受不了，因為當雙方是基於某種目的而見面，內心都會希望盡快理性切入正題。

時代已經不同了。如今，以空洞、毫無營養的字句來開啟話題，對方必定無言以對。所以，放下以前的觀念吧！語言應該是清晰的，為了清楚傳達給對方，應該把話說得清楚、明確。**就算商品一模一樣，還是有人能夠讓顧客一買再買，因為他們往往精準掌握對方的需求、清楚回答對方的疑問、正確理解對方的問題或要求，最後予以對應。**

銷售的目的是將「想要」變成「需要」。人往往先有想法，才有行動。哲學博士偉恩・戴爾（Wayne W. Dyer）則認為：「不先有想法的話，情感就不會出現。」

感性誕生以前，必須先形成由想法所構成的理性。現在，就一起踏入我多年從事行銷工作所驗證的「理性語言的九種世界」吧！

第 1 章

先把好處告訴他，他會自己想清楚

1 銷售高手只從甜蜜點下手

第二次世界大戰期間，太平洋的硫磺島上駐有白人軍官及黑人士兵所組成的美軍部隊。日軍想打擊黑人士兵的士氣，便在確認美軍部隊位置之後，擬定了作戰策略，利用飛機從空中投放大量傳單，傳單的主要內容都是針對黑人士兵而寫：「這是一場白人之間的戰爭，不要為了白人犧牲自己的性命，快逃！」

傳單立刻發揮了效果，但是，真正被打擊士氣的竟不是黑人士兵，而是白人軍官，許多白人軍官擔心黑人士兵將因此動搖而發起暴動，於是自己先行逃軍。最後，日軍不費任何一顆子彈，只憑區區的傳單，就讓美軍撤離了硫磺島此一要塞。

這個案例告訴我們「鎖定目標」（targeting）有多麼重要。**今日，任何產品或企業成功與否，都取決於廣告內容的目標對象為誰、著力點何在、以及如何宣傳。**

在能夠擊出全壘打的擊球點上出手

在職業棒球的比賽場地上，非專業球員的一般人擊出全壘打的機率有多少？幾乎可以說是零。有一次，工作團隊到棒球場出外景，當時的工作人員多為年輕人，他們一站到棒球場上，就像小狗踏到雪地上一樣興奮。因此，棒球場的負責人表示，待拍攝結束後，可以讓每個人都站上打擊位置，並且揮棒一次。

工作人員共有二十多名，有人說自己是公司棒球社的球員、有人說自己小時候當過棒球選手，紛紛開始吹噓一番，現場氣氛好不熱鬧。但接下來的畫面跌破眾人眼鏡，輪到一名個頭大、看起來精力旺盛的年輕男子揮棒的時候，球飛不到棒球場的一半就落地了。我自己也揮棒了一次，即使投過來的是一顆再好打不過的球，我擊出去之後，球卻很糗的在我眼前快速落地。

事實上，棒球並不小，又像石塊一樣堅硬，我們估算了從打擊位置到全壘打牆的距離，實在非常遙遠，不禁納悶：「怎麼有辦法讓這麼重的棒球飛到那裡？」比賽時，飛來的還是可怕的快速球，使我們更加敬佩棒球選手。

實際棒球比賽的過程中，打者有時故意不揮棒，那樣的動作更令人驚奇。而當打者輕輕旋轉腰部，擊球而出，球又可以直直的飛越全壘打牆，這其中的祕訣是什麼？據說，只要在可擊出全壘打的擊球點上揮棒，就可以成功擊出全壘打。所以，在擊球的那一刻，打者已經感覺得到是否會變成全壘打，並決定下一秒要全速衝刺，還是一邊慢慢跑完所有壘包，一邊悠悠的盯著那顆剛剛擊出，即將成為全壘打的球。揮動球棒最有效的擊球點，即為可以擊出全壘打的擊球點，被稱為「甜蜜點」（sweet spot）。

「甜蜜點」為球類運動術語，但在行銷學上也會使用，指顧客最在意的需求。銷售高手只會在甜蜜點下手，因為甜蜜點是最核心的關鍵，擬定行銷策略時，必須先找出顧客需求的核心，若不先找出明確目標再出手，只會撲空而已，自然無法提高勝率。

誰將成為使用者？

廣告影片通常只是為了大略宣傳而製作，但我要做的是能立刻創造銷量的影片，我將原本長達一小時的電視購物節目，濃縮為五分鐘的迷你短片，在畫面下方列出電話號碼與產品資訊，直接進行強力銷售。讀者現在在網站上就可以看到我的直接販賣影片（簡稱直販影片，指營業者透過智慧型手機直接播放的銷售影片）。

韓國的中文教學機構「文井我中文」推出一款產品「節奏中文平板電腦」，顧客下單後，一臺內含中文影片、辭典及其他學習資源的平板電腦就會配送到府。我必須製作一支介紹這款產品的直販影片，但這款產品有個致命缺點，即裡面的內容無法再額外下載或升級。若是你，你會買嗎？

先想想看，欲購買這項產品的人，其甜蜜點為何？我將目標客戶鎖定在手機資費低、行動數據流量有限，或者認為每次連結網路都很麻煩的國高中生。因此，我沒有在影片字幕中強調產品內容的優點及多元性，而是強打「讀書前的準備時間：零」、「不用Wi-Fi密碼、不用連結網路、不用輸入帳號密碼」，並說：「親愛的顧客，您都是怎麼學習外語呢？每次讀書前，準備時間都很長，對吧？忙著連結Wi-Fi、網速又慢，還要到外語學習網站首頁輸入帳號、密碼，每天擔心流量超過，步驟又看起來好複雜，很快就會變得厭世，原本要讀兩遍的內容，讀一遍之後就讀不下去了。

「要不要試試看這臺平板電腦？只要〇．一秒，馬上就可以學習，讓影片開始播放；要從昨晚看到的部分接下去看？一秒之後就可以立刻接上。不用連結網路，也不用輸入帳號、密碼。把平板帶在身上，隨時打開，立刻就有教材。這樣才能真正讀進去，你說對嗎？

「人在跑步之前要先暖身，汽車上路前要先暖車，但學習中文可以省略所有事前的準備，想要學習的時候，立刻就可以開始！

「經常使用的刀，永遠會與砧板形影不離，對吧？它們一直躺在抽屜裡面的話，只是擺好看的而已。從今天開始，擁有這臺平板，就不用再等待，讓你的學習過程輕鬆暢快！」

結果，銷量立刻就提升了。

聽到他說話，我就想買！

- 產品：節奏中文平板電腦。
- 話術：「人在跑步之前要先暖身，汽車上路前要先暖車，但學習中文可以省略所有事前的準備，想要學習的時候，立刻就可以開始！

「經常使用的刀，會與砧板形影不離，對吧？一直放在抽屜裡的話，只是擺好看的而已。從今天開始，擁有這臺平板，就不用再等待，讓你的學習過程輕鬆暢快！」

2 五號瓶策略：擊中一瓶，就會全倒

再來談一談運動領域。一般情況下，保齡球瓶總共有十支。我曾請教過專業保齡球選手，他們表示，他們擲球時只會盯著十支保齡球瓶裡的其中一支，即第三橫排中間的五號瓶，因為五號瓶最為關鍵，它被擊倒，其餘球瓶才會跟著倒下。所以，五號瓶又被稱為「主瓶」（kingpin）。因此，一舉攻下要害的策略，稱為「五號瓶策略」。

擊敗業界冠軍的祕訣

我公司的業務項目之一，是代理企業進行投標提案或舉辦銷售活動，為企業爭取投標所帶來的利益，或向大眾舉行產品發表會。雖然目前主要是接大規模或高費用的案子，但並非一開始就如此。我的第一份業務是一個四億韓元（本書幣值若無特別標注，皆依二〇二〇年八月十七日當天公告為準，韓元約等於新臺幣〇．〇二三元）的小型案子。

我在韓國CJ電視購物臺擔任主持人的期間同時經營了個人公司，有一間專門撰寫企業沿革的公司前來接洽。企業沿革為企業自成立以來所有重大事件的紀錄，在韓國，大企業通

常每十年會委託一次專業公司為其撰寫企業沿革。當時，那間公司在業界排名第五，市占率低於競爭對手，而如同每個市場都會發生的一樣，業界第一的公司幾乎寡占了整個市場。

前來接洽的公司，希望我幫它爭取到替韓國KT電信公司，撰寫三十週年企業沿革的案子。我先去查詢目前幫韓國CJ集團撰寫企業沿革的公司是哪一家，果不其然，就是業界第一的那間公司。我找到當時標案的幾位評審，詢問他們業界第一的公司有哪些缺失，他們便透露了幾個問題點。接著，我調查了即將擔任KT電信公司標案的評審是誰。標案當天，我要求下屬在我進行投標簡報的二十分鐘期間，為評審準備好喝的茶，簡報內容則積極強調，KT電信公司二十週年企業沿革的美中不足之處及改善方式，為的就是一舉正中要害。最後，業界第五的公司擊敗了業界第一，成功得標。

使顧客欠你人情

曾有一名叫申哲寬，畢業於高麗大學機械工程學系的讀者親自找過我。他在位於蔚山的現代重工業集團工作七年後，對於一成不變的工程師工作感到鬱悶，轉而到首爾擔任業務工程師，新工作的內容是將自家公司的軟體產品賣給製造業者，但實際做了之後才發現並不容易，因此感到苦惱，向我尋求諮詢。

他的煩惱是維持既有客戶的方面沒有問題，但要開發新客戶時，常常被拒接電話，或者在拜訪製造業工廠與技術研究中心時被警衛攔下。「您要見誰？有先預約嗎？」這時候，如果只懂得表明自己是來賣軟體的，十之八九都會吃閉門羹。但我們深度對談後，發現解方就在意想不到之處。

我沒將焦點放在採購部或警衛的身上，而是一個為大學四年級工科生設立的就業準備班。由於哲寬身為一個自名門大學工科學系畢業、待過大企業的前輩，於是我建議他免費為學生提供就業諮詢，對象只限於首爾大學、延世大學、高麗大學、西江大學、成均館大學、漢陽大學，且目標是工程師相關職缺的學生。

從自傳寫法、面試技巧，到錄取後的業務實際進行，他都給予詳盡的解說。由於他一毛錢都不收，無償提供諮詢，所以對應屆畢業生而言，他當然是一個令人感激的良師。

這類成績優異的工科生，就業機率相對比較高。一年後，當他幫助過的那些工科生進入全國各地的製造業公司，他便一個個前去拜訪。恩師來訪，學生當然會趕到大門口迎接，至少讓恩師順利的通過大門。接著，因為心懷感激，大部分的人也會立刻幫忙接洽採購部。所以，他是瞄準一年後的計畫而行動的。

如今，他為各頂大工科生提供就業諮詢的事情已經傳開，甚至出版了相關著作，澈底轉換跑道。

發揮洞察力，只講關鍵的那句話

接下來談談關於發揮消費者洞察力、正中顧客下懷的我的個人案例。

我在線上、線下銷售家電產品多年，十分了解顧客選購家電產品時的喜好。我曾經為全韓國三星電子實體門市各分店的店長演講。某天，我步入其中一間門市時，店長認出了我並熱情招待。我們在門市裡邊走邊聊時，一對穿登山服的老夫婦走了進來，想要選購小臺收音機。因為店長正在與我交談，所以由某個店員前去接待那對老夫婦。年長者的聽力原本就比較差，店員卻還是落落長的顧著說明輸出功率，一味只介紹產品的功能。

於是，站在旁邊的我忍不住插了一句：「登山的時候，想要趕走野豬的話，這個很有效喔！打開收音機之後，野生動物都會自己躲得遠遠的。如果你們遇到危險的話，把收音機的音量調大也很有幫助，不換電池的情況下，一個星期之內，整座山都聽得到。」

聽到這裡，老夫婦馬上決定買下那臺收音機。從他們一身的穿著就看得出來，他們絕不是只登山過一、兩次的那種人；再來，因為他們想找的是小臺收音機，可見不是要放在家裡使用的。就這個案例所示，你必須發揮你的洞察力，再說出對顧客而言最需要的那句話，正中顧客下懷。此事件後，該門市再次展開了銷售實務的訓練。

當你面對顧客時，請再三思索下面的問題：

一、顧客的性別與年齡層為何？會在什麼地區使用產品？
二、有無使用經驗？或者第一次接觸產品？
三、顧客對於產品抱持多大的關心？會維持多久？
四、顧客會使用產品多久？
五、消費者的認知與學習水準大約為何？
六、產品將如何融入顧客的生活？
七、產品將如何滿足顧客的欲望？
八、顧客滿意度預計是多少？
九、顧客對於產品的認知與情感上的反響如何？
十、顧客接觸產品後，態度將有何變化？
十一、產品對於顧客的生活將造成何種影響？帶來多少價值？
十二、顧客對於產品的好感來自何處？是否會主動推薦給其他潛在顧客？
十三、回購的意願有多大？原因為何？

因為擔任產品諮詢師，我每天不分晝夜的研究各個業主前來諮詢的產品。但如果說我確實擁有某些祕訣，可以讓我創造出比其他競爭對手更好的成績，那就是因為相較於產品，我更關心使用者的心理，如果不懂對方的心理，很容易淪為自賣自誇。

以我過去的顧客——科隆集團旗下的運動鞋品牌「HEAD」為例，該品牌曾經舉辦一個有趣的行銷活動：只要在購買運動鞋後的一段時間內減重三公斤，就可以拿回購買運動鞋的錢。結果，事與願違，該活動成效並不好。因為顧客個個都減重三公斤，退費了，導致業者無法承受。他們沒有認知到，「減重三公斤」這種程度的目標，是任何消費者都能夠下決心達成的。

我們應該發揮對於消費者的洞察力。洞察力是指察知、看穿事物內在本質的能力。只要試著理解顧客為何那樣說、那樣做，就能夠發揮消費者洞察力。

聽到他說話，我就想買！

- 產品：小臺收音機（當顧客是年長者）。
- 話術：「登山的時候，想要趕走野豬的話，這個很有效喔！打開收音機之後，野生動物都會自己躲得遠遠的。如果你們遇到危險的話，把收音機的音量調大也很有幫助，不換電池的情況下，一個星期之內，整座山都聽得到。」

3 只要目標集中，效果反而會擴散

目標性語言的相關技巧之中，縮小目標範圍、一次命中的做法稱為「鑷子策略」。與我交情甚深的幾位學生裡，有一位是因為發展膳食食品而成功的，名叫鄭東元，在我公司進軍穆斯林市場的時候一同打拚，目前已經成功將即食膳食品牌「MOMMAKE」的產品銷售至馬來西亞與中東地區。

便利不夠，還要更加便利

我在電視上銷售過很多次膳食食品，所以我以為自己非常了解膳食食品的客群。但這是一個嚴重的錯覺。我到底缺乏、遺漏了什麼？公布解答之前，我必須先問各位一個問題：要推銷膳食食品的話，應該主打營養還是便利性？假如你的答案是營養，那你就不適合發展膳食品牌。當時，我大力強調「營養」這一點，卻總是失敗。我在節目中將三十種膳食食品一字排開，不斷拿出營養成分圖表、原產地資料及證明對身體有益的學術報告等，強力宣傳，卻次次以失敗告終。累積許多經驗後，我領悟到「便利性」才是關鍵。

我們先分析膳食食品的客群特性。第一，他們多少都知道膳食食品是濃縮了許多穀類與蔬菜而成，營養豐富，所以沒必要再浪費時間去強調營養這一點。第二，膳食食品是用來替代早餐，所以主客群是一定會吃早餐的人，還有忙得沒時間張羅飯菜的獨居人士，他們的共通癥結點為「沒時間慢慢吃」。所以，我將「營養、美味、便利」定為膳食食品的銷售重點，並主打「便利」，在節目裡直接示範給觀眾，從打開包裝、沖泡、飲用，到出門為止，只需三分鐘。

我介紹道：「您看到了嗎？只需三分鐘，三分鐘就能夠解決早餐。在搖搖杯（shaker）裡倒入膳食粉，沖泡、搖一搖，就完成了。早上只要花跟用微波爐加熱食物或刷牙一樣短的時間就足夠，比穿襯衫、繫領帶要花的時間更短！比在停車場等待車子預熱的時間更快！連按按鈕、等電梯的時間都不到！您怎麼可能騰不出這麼短的時間，對吧？只要投資三分鐘，就不會漏吃早餐，而且全方位的攝取到三十種穀物的營養再出門！」

這段話讓銷售狀況好得不得了，節目也不斷邀請藝人擔任嘉賓，將膳食粉倒入附贈的搖搖杯後，一邊搖晃、沖泡，一邊隨著音樂搖擺。我想，沒有其他方法能夠發揮出比這個更好的效果了。

不過，我的學生鄭東元的想法跟我有點不同。他認為，雖然強調便利沒錯，但重點應該在於「更加便利」，因為早上起床後，在沒有精神的狀態下，人都可能懶得在搖搖杯裡沖泡膳食粉。他一直想，難道沒有讓顧客更輕鬆的方法嗎？最後，他研發出搖搖杯專用的電動搖晃杯，在寬闊的杯底下方裝有電池，上方裝有攪拌用的刀座，把手處設有按鈕，只要倒入牛奶與膳食，再按下把手按鈕，三秒就能夠攪拌均勻並飲用，就跟「早上起床後倒一杯水喝」那樣的日常習慣動作一樣簡潔。

他掌握到「早上剛起床沒有精神時，連使用搖搖杯做早餐都會覺得麻煩」這一個關鍵，從「只要三秒就能完成」的概念出發，讓吃早餐變得像倒一杯水喝一樣簡單。現在，該產品已經在穆斯林市場獲得熱烈迴響。

這個案例告訴我們，有必要將目標更細分，將產品的目標定得更精確。

讓我們看看另一個例子，假設現在你與上百人一同聆聽我的課程。如果我不斷喊「各位」，接著突然指著你的臉說：「這！是特別只說給你聽的話！」你一定會嚇一大跳。顧客也是一樣，在這種情況下，顧客會出現更激烈的反應。

你可能會懷疑：「目標範圍縮小的話，市場不是也會跟著縮小嗎？」、「不就流失其他客群了嗎？」我將舉出幾個例子，證明事實絕不是如此。

二〇〇六年，我接下了著名的ＡＩＧ保險公司「父母健康保險」產品上市案，因為已經是多年前，現在我可以坦白的說，該產品隱藏了一個祕密——它不屬於老年人保險，只是在人人都能投保的意外險裡增加失智症這一項保障，任何三十歲至七十五歲的成人都可以投保。但世上怎麼可能會有三十歲的老年人？所以，我將目標客群定在六十五歲至七十五歲的老年人，視其為主要訴求對象。有一件事可以證明那確實是正確的策略。

某天，節目換了新的製作人，他來找我並小聲問我：「今天的節目形式要不要大改？這產品的投保年齡其實是三十歲以上，但我們只強調六十五歲以上的人，這中間的客群不都流失了嗎？何不大力宣傳這產品其實年輕人也可以投保？說不定來電數會成長好幾倍？」

雖然我反駁了他的建議，告訴他應該盡可能縮小目標年齡層才會有效果，但幾次節目下來，他仍堅持他的想法。最後我同意照他所希望的去做，節目的字幕隨著策略上的變動而改成：「從年輕時就先做好準備！投保的門檻大大降低！三十歲以上的任何人都可以投保！」

你可能也料想到了，結果非常慘烈，來電數連以往的一半都不到。因為年輕人還不在乎這類保險，而產品概念改變後，以往的主要投保年齡層也流失了，也就是說，它變成了一個四不像的產品。事實上，這產品應該以高年齡層的客群為主。高齡人士自己會想要投保，高齡人士以外的人也會希望幫父母親投保，如此就能夠吸引到所有人的注意。這招「鑷子策略」讓節目湧進了一百萬以上的人預約諮詢，也就是有一百萬人主動想要投保。

目標集中，效果會擴散

目標策略在目標範圍越小的時候越有效。不要說：「各位，請使用看看！」應該說：「這，就是你需要的！」你或許會認為，怎麼可能？要我放棄其他消費客群嗎？

韓國化妝品品牌「TONYMOLY」的目標客群為二十世代，有些產品包裝甚至模仿香蕉或番茄等的形狀，充滿趣味與活力。如此只針對二十世代的年輕人銷售，真的只有二十幾歲的人會買嗎？希望重溫二十歲年輕氣息的三十至六十世代的顧客也會不自覺被吸引，因為天下女性無不希望自己看起來年輕貌美。

韓國愛敬集團的機能性化妝品品牌「AGE 20's」也是針對二十世代的皮膚所設計。雖然目標客群二十世代年輕女性，但整體客群廣至三十、四十世代的女性。

我曾經為目標客群為二十至二十三歲女性的彩妝品牌「ETUDE HOUSE」提供銷售諮詢。芳華初綻的二十歲初頭女性正處於一段探索自己風格與美麗的時期。品牌名「ETUDE」在法文裡的意思是學習、研究，是希望女性來到ETUDE HOUSE，能夠體驗及研究各式各樣的彩妝而命名。學習、研究原本帶有學術意味，令人提不起勁，但品牌定位為「愉快的化妝文化」，門市也呈現出活潑而繽紛的氣息。其品牌概念可細分如下：

從下頁表格就可看出，ETUDE HOUSE像是專為二十世代初頭的人而誕生的品牌。但在所有韓國人裡，只針對二十至二十三歲的女性來研發化妝品，同時投入高額租金以開設實體店，你認為可行嗎？結果是出乎意料的，因為品牌只是將該年齡層定為主要客群，但也成功吸引到其他年齡層。

我在籌備即將放上「文井我中文」網站上的直販影片大綱時，第一步是分析目標客群，再從中選出主要客群。我將應考生與上班族定為主要客群，他們的關鍵癥結為「時間不夠」。應考生以學校課業為重，上班族以公司事務為重，哪裡擠得出多餘時間來學習外語？

我告訴他們，不要另外騰出時間，要多利用零碎時間；人們常說沒有時間，但其實已經浪費了許多時間，人們應該將那些時間用來學習外語。

下面為目前「文井我中文」網站上，我的直販影片中的一段說明：「未來創造科學部的報告指出，我們每天花四小時半的時間漫無目的盯著智慧型手機；廣電通訊委員會指出，我們每天花三小時以上的時間一邊看電視，一邊發呆；韓國文化產業振興院指出，我們每天花二十分鐘瀏覽線上漫畫。

「如果這些被浪費掉的大量時間都用來看這臺平板電腦，現在的你早就可以達到母語人士的程度

大概念	小概念	核心價值
實驗性（Experimental）	愉快的遊戲文化（Playful）	多樣的色彩與選項（Colorful） 如同朋友般分享（Friendly） 如同遊戲般有趣（Fun）
感性（Emotional）	可愛少女的感性（Lovely）	自由又可愛的女性（Inner Princess） 帶來活力的正向影響（Cheerful） 有趣的故事（Dreaming）
功能性（Functional）	新潮年輕的風格（Trendy）	與眾不同（Unique） 新的靈感（New Idea） 二十世代的偶像（Young Icon）

了。《時代》（*TIME*）雜誌指出，小孩滿二十歲以前，坐在電視機前面的時間足足有兩萬個小時。如果那些時間都用來讓你的小孩看『文井我中文』，他早就成為駐中國外交官或同步口譯員了。時間就跟燃料一樣，在一個地方用掉，在別的地方就用不了。每天的時數換算成秒的話，總共有八萬六千四百秒。時間對每個人而言都是公平的，不會因為你是嬰兒就少給你時間，也不會因為你是總統就多給你時間。不管你是流浪漢、應考生、還是上班族，每個人每天都擁有一樣多的八萬六千四百秒。但是，你怎麼使用你的時間，會決定你的未來變得如何。

「你今天是怎麼度過的？看一看地鐵車廂裡的人，每個人都在看手機，但很多人只是在看線上漫畫、玩遊戲、看節目重播，都是不具生產性的活動，就這樣毫無意義的浪費了寶貴的時間。從今天開始，那些時間就用來看這臺平板電腦。你體會過零碎時間的力量嗎？有時候，用功五分鐘比讀書一小時更有效率，不是嗎？」

目前，該產品在網站上獲得很好的銷量與反響。雖然業者吸引到的不只是應考生與上班族，但以這兩個族群為主力客群，慢慢就能夠擴及其他族群，甚至吸引到全職主婦，因為全職主婦的一天也很忙碌，也會對上面的廣告詞感到心有戚戚焉。

細部關鍵字，連國高中生都被吸引

如果你對上面的話都深有共鳴，請暫時放下這本書，拿起你身旁的智慧型手機，跟著我的建議，進行一段實驗。我要讓你親眼看到，你也有賺錢的能力，例如你可以不花一毛錢就開一間服裝店。首先，在網路上開設一個部落格。接著，加上能夠吸引顧客上門的搜尋關鍵字，也就是標籤（tag，#）。這時候，你會加上什麼標籤？想要賣好穿的牛仔褲，就加上標籤「#牛仔褲」嗎？那實在沒有新意。光是在網路上搜尋關鍵字「牛仔褲」，就會出現一大堆品牌與店家。要想贏過那些業者，讓自己的部落格出現在搜尋結果的最上方，根本不可能。就算你今天付了一筆高額的廣告費用，讓排名上升了一些，明天也很快就會被擠到後面。

那麼，這次試著搜尋「便宜牛仔褲商店」。在我寫這本書的當下，搜尋結果一個都沒出現。也就是說，**不要用具代表性的關鍵字，而是要以細部關鍵字去取勝**。這種細部關鍵字，連國高中生都吸引得到，雖然**細部關鍵字使範圍縮小，但實際上，它能夠拓展客群**。細部關鍵字因為**具有強烈的購物目的性，轉換率非常高，廣告費用也會很便宜**。接下來，就請不斷加上這種細部關鍵字。例如，當人們只是搜尋「筆電螢幕亮度調整方法」的時候，也會跳出你的線上賣場。就算用戶沒有下單，也會在他的腦中留下印象，達到宣傳品牌的效果；因為他沒有按下按鈕，所以不用花任何一毛錢的廣告費，等於免費播放廣告。如果有上萬個這種細部關鍵字，你的線上賣場將從一個私人賣場成長為人們購買生活必需品的著名賣場。

聽到他說話，我就想買！

- 產品：膳食食品。
- 話術：「您看到了嗎？只需三分鐘，三分鐘就能夠解決早餐。在搖搖杯裡倒入膳食粉，沖泡、搖一搖，就完成了。早上只要花跟用微波爐加熱食物或刷牙一樣短的時間就足夠，比穿襯衫、繫領帶要花的時間更短！比在停車場等待車子預熱的時間更快！連按按鈕、等電梯的時間都不到！您怎麼可能騰不出這麼短的時間，對吧？只要投資三分鐘，就不會漏吃早餐，而且全方位的攝取到三十種穀物的營養再出門！」

4 想賣給所有人，所有人都不會買

選擇目標時，如果模糊的大略選定，最後很容易會撲空。那麼，應該如何選擇目標？

我先出一道題。即食食品的市場正在快速成長當中，便利商店、餐飲業者、外送業者都投入了這個市場。你認為，**即食食品市場的主要客群是誰？**如果你的答案是「獨居者」，你就錯了。**正確答案是「家庭主婦」**。

目標不可模糊

此為市調公司「凱度」（Kantar Worldpanel）在二〇一八年一月針對五千戶家庭進行調查的結果。丈夫經常起床後就出門上班，而且加班到很晚才回家；國高中生的子女同樣補習到很晚才回家，導致家庭主婦不得不一個人吃飯。因此，毫無根據的選定目標是不對的，也不應該模糊的猜測目標市場一定很小。

那麼，只針對家庭主婦為對象銷售就會成功嗎？從結果而言，是有可能的。韓國的家庭主婦總數約有七百萬人，相當於排除廣域市（直轄市）之後的江原道、全羅道、忠清北道的總人口數。家庭主婦往往具有敏銳的購物神經，且在購物時毫無限制。你會擬定什麼策略，以開發這個廣大的客群？以老年人為對象的產品又是如何？韓國的老年人同樣有七百萬人以上。假設你以糖尿病患者為對象，推出有助改善糖尿病的健康食品，能創造出銷量嗎？韓國的糖尿病患者同樣超過七百萬人。事實上，有些目標市場可能遠比你所想的還要大。

你認為，**什麼人最常喝開特力運動飲料（Gatorade）**？你自然會想到運動選手或從事休閒活動的人，但**正確答案是線上遊戲玩家**，一群與戶外活動毫不相干的人。分析社群網站上面提及開特力的大數據資料顯示，這群人是最在乎這款飲料的實際消費客群。所以，相較於漢江公園周邊的便利商店，將開特力出貨到網咖，銷量可能會更好。比起漫無目的盲目行銷，更應該好好選定目標來銷售。

大賣場的顧客大致分為兩種：只是進去逛一逛的人、前往購買必需品的人。後者較多是在週間前往。他們已經想好要買哪些東西，所以購物目的很明顯。相反的，前者更多是為了進去吹冷氣、與家人一同打發週末時光，或者只是習慣性走進賣場逛一逛的人。所以，**週末的賣場陳列應該與週間不同**。例如，主打像啤酒那種不買也沒關係的零食，或者舉辦買一送一、跳樓大拍賣等吸引顧客目光的降價活動，並且將賣場布置出會刺激顧客撿便宜的動線。

不要「告訴他」，要「讓他知道」

誰最常買性感內衣？答案非常令人意外，是三十幾歲的男性。分析各大購物網站的用戶大數據資料，雖然不是每次都如此，但有結果指出，男性比女性更常搜尋「性感內衣」，好讓女朋友或妻子穿上。

首爾景點樂天世界塔興建當時，輿論紛擾，不停爆發有關混凝土裂縫、地洞、電影院不明震動、水族館漏水等爭議。工程邊進行，負面輿論也甚囂塵上。假設你是負責施工的樂天建設公司高層，要如何平息上述輿論？你的答案很可能是「盡可能去賄賂電視新聞及報章雜誌的記者」，但樂天建設當時的做法卻是轉移方向，舉辦了一場以韓國其他主要建設公司的公關，共五十人為目標對象的說明會，向他們表示「樂天世界塔很安全」。為何這麼做？

公關的主要業務就是與媒體交涉，只要讓他們認為「樂天世界塔很堅固、很安全」，他們自然會向媒體提到「樂天世界塔好像比想像中更安全」，而媒體也會主動來採訪與報導樂天世界塔，最終創造出比樂天建設直接去聯絡媒體還要更好的效果。這個絕佳的案例告訴我們，「讓對方知道」而不是「告訴對方」，就能站在比對手更有利的位置。

有一名藝人曾經是我的學生，現在成為了明星。這是他尚未出名時的故事。出外景是非常辛苦的工作，我也經歷過很多次，所以很清楚。導演每指導一陣子，中間就會有幾段休息時間，這時，工作人員會三三兩兩聚在一起抽菸。某天，這名藝人開始留心觀察每個人抽什麼菸，隔天便依照每個人的喜好，送香菸給所有工作人員。他告訴我，「比起每人兩萬五千韓元的聚餐請客費用，兩千五百韓元（當時的香菸價格）的效果更好。」他瞄準目標的能力甚至比演技還要好。

5 大家都想創新，但沒人真的喜歡創新

我在研究所攻讀第二個碩士學位時，學生通常將教授分為兩種：指導教授或兼職講師。多數學生只會集中注意力在指導教授身上，尤其是在職專班的學生，因為他們要兼顧工作與學業，所以往往會更用心經營與指導教授之間的關係。

誰是我應該瞄準的顧客？

例如，每逢週末一起打高爾夫球等，很多人會不惜一切，利用自己的社會地位去討好教授，每到論文審查期間，教授辦公室就會堆滿學生的禮物。但是，**我反而將目標放在兼職講師身上**。理由很簡單，因為無論是指導教授還是兼職講師，他們一樣都是給我三學分的人。

我發現，兼職講師沒有助教，學生繳交紙本報告的時候，他們都必須親自扛回去。因此，我買了高級的文件收納袋，並且依照學級分類，送給了兼職講師。此外，我也將ＣＪ集團的外部諮詢案介紹給某位兼職講師，並向公司提議費用比照專任教授辦理，因為兼職講師都擁有博士學位，雖然頭銜不是「〇〇大學教授的研究團隊」，但「〇〇博士」的資格也是

可行的。

這樣的目標策略使我獲得了學分上的回報，當其他學生被兼職講師給出低分，我卻高分通過；當其他學生拿到九十五分，我拿到的卻是一百分。教授也許給得出九十九分，卻不會輕易給出一百分，因為一百分代表教授認為學生已經達到等同教師的學識水準。我的策略是，實力不足就拿出真誠，不夠真誠就以人品取勝，憑著這樣的策略，我得以在大學及研究所都獲得資優獎學金。

首爾的南大門附近有一間非常會賣眼鏡的眼鏡行。打聽之下，原來老闆的祕訣是先觀察顧客的臉。如果走進店裡的顧客戴的是平價的流行款眼鏡，就引導他到韓國國產品牌專區；如果戴的是高檔的外國名牌眼鏡，就引導他到外國品牌專區。最重要的一點是，推薦眼鏡款式時，絕不會勸顧客嘗試跟以前截然不同的類型。老闆表示，**推薦跟顧客風格相似的眼鏡款式時，購買率是最高的。**

JTBC電視節目《拜託冰箱》裡，英國名廚戈登（Gordon James Ramsay）與韓國廚師李連福展開了一場料理對決，擔任評審的韓國棒球投手吳昇桓最後將票投給了戈登。令人印象深刻的是，戈登並不是做英國菜，而是靠做貼近韓國人口味的韓國菜獲得勝利，也就是說，戈登瞄對了目標。對決結果出爐後，戈登提議：「下次等韓國廚師來到英國，我們利用英國的食材再進行一次對決吧！」再次凸顯他來到韓國，利用韓國食材，擊敗韓國人的事實。他沒有選擇他最擅長的料理，而是選擇了符合目標對象喜好、他平時根本不會做的韓國料理。從這樣的挑戰精神來看，似乎就能夠理解他何以成為名廚。

資料探勘與目標策略

人的消費模式會根據種族、國籍、當地特色、關注議題而產生很大的不同。越南人習慣一次只採購一天之內要吃的食物，因為平時多以摩托車代步，很容易就可以買到食物；反之，蒙古人一次會買一週以上要吃的分量，因為每次都要開車至少二十公里才買得到東西。上述因素使越南人與蒙古人的消費模式形成了對比。

每次去全羅道舉辦企業講座時，我絕不會介紹自己當過《朝鮮日報》專欄作家；反之，去慶尚道時，我絕不會引用《韓民族日報》的新聞。（按：韓國有地域性的政治色彩，特別具代表性的地區是全羅道左派和慶尚道右派。韓國光州民主運動後，《朝鮮日報》、《東亞日報》等為親獨裁新聞媒體。由於《東亞日報》內部反抗辭職的記者們另創《韓民族日報》，所以不能在全羅道提及《東亞日報》。）

但請不要因此批評我是個投機者。《聖經》許多章節的作者保羅不就說過嗎？「面對猶太人，我就成為一個像猶太人的人；面對律法之下的人，我就成為一個像是在律法之下的人；面對沒有律法的人，我就成為一個像是沒有律法的人。簡言之，面對什麼樣的人，就成為什麼樣的人。」

我們應該根據顧客的需求，隨時應變。針對不同的目標客群，旅行社會推出不同的廣告文案：

- 獨自出發：「出發，遇見——個人旅行。」
- 兩人同行：「風風光光——情侶旅行。」
- 家人共遊：「比補習班更好的選擇——家庭旅行。」
- 陪伴父母：「走遍各地——孝親旅行。」

假設你是旅行社的員工，現在要銷售中國張家界的旅遊產品，你可以制定出什麼樣的鑷子策略？與其使用「幫父母親做決定」這樣單純的文案，更具體的根據顧客的生活模式以撰寫文案的話，下單率會高出許多。

「佳佳旅行社」張家界旅遊產品的文案就是一個很好的例子：「每天忙著做飯與餵飽老公跟小孩，送他們出門，再解決堆積如山的衣服、用吸塵器打掃後，一天就這麼結束了。給自己一個機會，拋下一切，出門旅行去吧！沒想到，我不在家的時候，家人一樣可以好好的。因為是晚上出發，我還可以先幫他們煮好一鍋牛肉湯，是不是很棒呢？」

這樣的文案因為深入理解目標對象的生活樣貌，所以能夠喚起他們內心之中想要旅行的渴望。

這種對目標客群進行準確分析、獲取資訊、找出顧客數據的做法，稱為「資料探勘」（data mining）。進行資料探勘、詳細觀察用戶的一天二十四小時、積極擄獲顧客，就是「目標性策略」。

廣告代理商「INNOCEAN」曾經為現代汽車的車款「TUCSON IX」推出廣告，文案依據時段、星期幾、媒體，分為好幾個版本，不停變換，彷彿業者就在電視機前看著觀眾生活，嘗試與觀眾對話。文案總共有十五種版本，皆採策略性投放，以符合消費者的生活樣貌：

汽車電視廣告採策略性投放之案例	
週間早晨	當你起床後坐在電視機前面，ＩＸ已經載著那女孩的笑聲來跟你道聲早安！
週間白天	當你坐在電視機前面發呆，想著已經分手的前女友，ＩＸ已經載著新女友的笑聲，奔馳在高速公路上！
週間傍晚	當你坐在電視機前面，想著白天看到的那個女孩，ＩＸ已經載著她，準備共度一個美好的夜晚！
週間連續劇開始播出之前	當你發呆等待連續劇開始播放時，ＩＸ已經戲劇性的獲得那女孩的吻了！

週間夜晚	當你準備上床睡覺時，ＩＸ已經……。
週末白天	當你假日閒閒沒事，不停切換頻道，ＩＸ已經……。
有線臺播劇時段	當你跟美劇一起度過二十四小時，ＩＸ已經……。

如上述例子，我們應該分析顧客的生活方式和模式，考量不同時段、媒體、觀眾年齡及興趣，才能正中目標。我們要做的不是靜靜等待顧客上鉤，而是瞄準消費者的生活模式，做目的性或有意的曝光。

有一個簡單的方法，你現在馬上就可以實行。做生意的人都希望每個顧客的通訊錄裡上百、上千個名字之中，自己的名字時常被想起與記得。那麼，現在就請你打開通訊軟體的設定頁面，在自己的名字前方加上「一」字，像我儲存成「一張文政」。通訊軟體的通訊錄因為是依照筆畫而排序，所以別人一打開通訊錄，我的名字就會出現在最上面，這也是策略性曝光的一種。

你不能期待自己的訊息會正巧被顧客看見，應該積極去迎合顧客。如果你愛慕著某一個人，就應該駐足在他經常走過的巷口，讓自己被看見。想想春香的故事吧！（按：《春香傳》為韓國傳統說唱藝術板索里的代表性作品之一）她沒待在家裡，偏偏出現在顯眼、寬闊的戶外，對李夢龍頻送秋波，這不就是策略嗎？

聽到他說話，我就想買！

- 產品：張家界旅遊行程。
- 文案：「每天忙著做飯與餵飽老公跟小孩，送他們出門，再解決堆積如山的衣服、用吸塵器打掃後，一天就這麼結束了。給自己一個機會，拋下一切，出門旅行去吧！沒想到，我不在家的時候，家人一樣可以好好的。因為是晚上出發，我還可以先幫他們煮好一鍋牛肉湯，是不是很棒呢？」

6 研究消費者比研究產品更重要

舌頭具有味蕾，使人感受到食物的味道。有研究結果指出，每個人的味蕾個數大有不同，有人的味蕾超過一萬個，有人的味蕾只有五百多個。大部分的動物都具有敏感的味蕾；蛇在吐信時，可以感受與分析瀰漫在空氣中的味道；鯰魚生活在水裡，也能夠感受到每公升一百毫克以下的味道；蝴蝶甚至能夠感知到〇・〇〇〇三%的低濃度糖水。

捕鼠器與老鼠藥，如果只能選一個賣？

你的行銷味蕾也就是理解顧客的能力有多麼發達呢？你做了多少準備、擁有多少資訊，可以對顧客進行正確分析？你對於顧客的感受度是幾分？

我從2G手機時代起就在電視上銷售手機。起初，顧客的需求在於軟體，所以大多偏好App多、功能也多的iPhone。後來，趨勢轉向硬體，顧客開始注意大螢幕、觸控感與外觀設計。接著，趨勢再次回到軟體，而後又改為硬體，強調相機性能、中央處理器及容量大小。過去十年內，我親眼目睹手機產品的趨勢經過四次轉變。

以前，顧客挑選電信業者時，只在乎哪一家的網速最快，後來，重點變成優惠多寡。例如某電信業者曾經主打電影院與麵包店的優惠。近年來，門號續約優惠成為主流，業者紛紛強調顧客購買新手機時可以獲得多少折扣。所以，如果門市人員只懂得推銷「我們的網速很快」，一天下來，他賣得出任何一臺嗎？

目標隨時都在改變，顧客像一個隨時移動的靶子，無法命中靶心的粗糙文案擄獲不了顧客的心，那就像戴上手套扣扣子，或戴上頂針彈吉他一樣。

捕鼠器與老鼠藥，如果你只能選一個賣，你會選哪一個？我建議你應該選老鼠藥，因為老鼠吃了老鼠藥之後會在別處死去，但捕鼠器會將老鼠夾住，而永遠不會有人喜歡將老鼠取下、丟進垃圾袋裡。如果你還是繼續賣最新型的捕鼠器，喊著：「非常好用，快來看看！」代表你無法對消費者進行正確的分析。

重點是消費者的標準，不是我的標準

美國每年舉行大型葡萄酒展，韓國的許多餐飲業者都會派代表去參加，會場上所有展示中的葡萄酒都可以免費品嘗，我曾經和某個餐飲業者的代表人一同前去，不過，他看事情的角度與我不同。像我一樣的普通人到了那種場合，衡量事情的標準只有一個：我什麼時候還有機會再喝到這種酒？所以到處試喝高單價的葡萄酒。他卻是一邊考量他店內顧客的喜好，一邊試喝，他的衡量標準不是價格，而是客人的喜好。他告訴我，有時候，一款七美元的酒比一款兩百美元的酒更符合韓國人的口味，甚至合所有人的胃口。這是因為，他不是依照自己的標準，而是完全配合消費者的標準。

行銷顧問公司「AudienceBloom」的執行長杰森・迪默斯（Jayson DeMers）曾說：「研究消費者比研究產品更重要。消費者不願意購買產品的話，產品再怎麼好都沒有用。應該時時去思考要推出什麼產品，才能夠讓消費者過得更幸福？」創作《史瑞克》（*Shrek*）等片的夢工廠動畫公司的執行長傑弗瑞・卡森伯格（Jeffrey Katzenberg）也表示，應該對待顧客如同對待老闆。

假設，合作中的美國企業不斷寄送可望在韓國上市的產品樣本。然而，消費者不是同一群人，同款產品可能在美國熱賣，但在韓國乏人問津。前一陣子，聽說有一種可更換的牙刷刷頭在美國大賣，所以公司舉行了產品會議，討論是否要引進韓國。但我知道，該產品在韓國賣不起來，因為韓國消費者習慣淘汰整個產品之後再買新的。只要記得「消費者不是同一群人」就對了。

著有《下一個社會》（*MANAGING IN THE NEXT SOCIETY*）的彼得・杜拉克（Peter Drucker）在他九十歲生日時，用一句話形容自己一直以來的探索：「我這輩子關注的不是機器，不是建築，而是『人』。」比起產品，我們更應該探索消費者本身。

本章重點

我以前的同事裡，有一名美國人與我頗要好。熱愛冒險的他，有一次計畫在休假期間搭乘無動力帆船，從美國紐約航行到葡萄牙里斯本，獨自橫跨北大西洋。我問他：「你可能在途中喪命也說不定，為何要冒這個險？」他只是一邊微笑，一邊回：「這不是很酷嗎？」令我哭笑不得。我提議，何不瀟灑的喝著葡萄酒，聽著音樂，一邊享受大海風光一邊出發呢？但他正經的說，那是不可能的，因為出航的那一刻最重要，他必須握緊船舵、保持清醒。方向只要偏離一度，最後抵達的地點就會變成距離里斯本九十公里的一個遙遠地方。這就像，出發時方向只要偏離了一點，最後就可能到不了原訂目的地首爾，而到了距離首爾大約一百公里的天安市。

同樣的，目前企劃的方向只要出了一點錯，最後就可能得到意想不到的結果。所以，擬定目標策略時，必須更慎重且全盤的思考。韓國獨立運動家金九喜愛吟誦清虛休靜禪師的詩作《雪夜》有這麼一段話：「踏雪野中去，不須胡亂行；今日我行跡，遂作後人程。」

你踩錯的那一個步伐，也許會讓後面的人也跟著你踩錯。同理，你也可能踏上前人走過的錯誤之路。所以，好好瞄準你的方向，擊中目標的快感是妙不可言的。

第 2 章

每個商品都有一個最佳購買的時機

1 何時賣比賣什麼更重要

二〇〇六年六月，全世界都在瘋德國世界盃足球賽。韓國時間六月二十四日凌晨，韓國對戰瑞士，以零比二慘敗，家家戶戶都爆出哀嘆聲。如果只是輸球的話倒還好，但該場評審不僅偏頗，還誤判，讓熬夜觀戰的韓國球迷隔天早上都一肚子氣的出門上班。

這時候，問題來了。早上七點的直播結束後，好巧不巧，八點接檔的是當時正紅的瑞士品牌特輯節目。這時機真是太絕了，韓國隊委屈輸給了瑞士之後，我們卻要向滿肚子氣的觀眾推銷瑞士的產品，想都不用想，我們一定會成為整個民族的叛徒。節目製作人與工作人員也都一臉慘白。

結果，八點的直播開始之前，我們緊急改為重播其他產品的特輯節目。假如當天是韓國隊獲勝的話，瑞士的產品應該會賣到不行。在這種情況下，產品不是問題，時機才是問題。

二〇一〇年溫哥華冬季奧運時，韓國時間二月二十六日中午，滑冰選手金妍兒參加的決賽正式展開，最後刷新了世界紀錄並奪得金牌。我因為在該場決賽結束之後要進行節目直播，所以在公司觀看決賽的過程。結果，我目睹了一個非常罕見的畫面：在金妍兒獲得金牌的那一瞬間，螢幕上顯示節目觀眾來電數是零！以前，購物頻道的收視率再怎麼低，觀眾來電數也從未變成零，甚至半夜重播都有觀眾call-in！

工作人員看到這一幕也呆住了，還納悶是不是電子計算器故障了，便用自己的手機播給節目的訂購專線，結果數字馬上變成一。當時節目正在賣的產品，平時是很受歡迎的，但在那一刻，全國沒有任何人對它有興趣。這兩個案例指出，有時候，就算是再好的產品，「何時賣」也比「賣什麼」更重要。

看準、尋找合適的時機再行動

人有時候說「時機不好」。有什麼事是比這更慘的嗎？以我的親身經歷為例，我在一間大企業上班上得好好的，後來提出辭呈，結果兩週之後就發生一九九七年金融危機，我選的時機很不好。

身為銷售專家，長期以來我只針對這個領域寫書及寫專欄。有一次，我試著跨足人文學領域，書的主題是「寂寞」，要在三年之內訪問兩萬名上班族，是既花錢、又花時間的一件寂寞的工作。結果，出書的時機很不對，興起了一陣子的療癒文風逐漸退場，市面上的暢銷作品變成了《對自己狠一點》、《寂寞才能成功》、《有時間找朋友，不如投資自己》、《關鍵就在自己身上》那類型的書，我的書名卻是《回到人的懷抱裡》。

甚至有讀者在社群網站上傳一張照片，將我的書《回到人的懷抱裡》放在《練習一個人》跟《享受寂寞》中間，說：「到底要我怎樣？」看來我選的時機真的很不好。

我的經歷還不是最慘的。二〇一六年六月五日，法國東部城市貝桑松的一間麥當勞裡，突然有兩名年輕歹徒鳴槍闖入，準備搶劫現金。但偏偏當時，那間麥當勞裡正好有十一名法國憲兵特種部隊（GIGN）隊員處於非值班時間，正在大啖漢堡與薯條。結果，兩名歹徒被特種部隊成員制伏，送醫治療後被逮補。

大學時期，我曾經在教授食堂裡打工，負責洗碗，經常忙到感覺全身都不是自己的。某次，我正在將洗好的杯子放進消毒烘碗機，突然有人從後面拍我的肩膀，回頭一看，是電子工程學的教授。

「同學，杯子的方向放錯了！」他說道，接著開始解釋，杯子反過來放的話不能澈底消毒，因為紫外線是從上面往下照射，根據電流公式，紫外線會照在……竟然對著忙得兩眼發黑的我講起工程學。因為是學生，我什麼話也反駁不了，只好繼續忙我的，一邊聽他嘮叨了五分鐘。

說話必須符合時機，培養你的彈性，在該說話的時候說話，好好選擇行動的時機。

時光荏苒，後來我也開始在研究所教課。某次，我和其他教授聊到**「上課時最討厭哪一種學生」**。打瞌睡的、做自己事情的、常離開座位的……各種類型都有人提，但其中有一種類型是所有老師都深有共鳴的，即**「在休息時間提問的學生」**。雖然可以理解學生的那種熱情，但為了回答問題，老師在休息時間都無法好好休息，馬上又要開始上課，真的令人感到疲憊。休息時間之所以存在，正如字面上所示，就是為了讓老師、學生都可以暫時休息。

過去幾年來，我長期在韓國金融研修院為十七家銀行的分行長講課。或許，**全韓國大部分的銀行分行長都聽過我的課**。事實上，相較於為雙眼炯炯有神的年輕學生講課，為那些上了年紀、無法長時間集中精神的分行長講課的時候，我更感到幸福，因為他們無論如何都不會在休息時間裡單獨向我提問（雖然上課期間也不會提問），因此我可以放鬆的好好休息。

進行直播節目的人通常會一耳戴著耳機，以便隨時與副控室裡的製作人溝通。不知是否因為做直播節目多年，長期只有一耳戴著耳機，我的耳朵開始出現耳鳴的現象，總是覺得其中一隻耳朵悶悶的、像被塞住，很不舒服，便到醫院掛號。奇怪的是，看診當天卻突然好轉，但回到家裡又開始不舒服，如此無奈的狀況反覆了好幾次。這種現象被稱為「長期等待預約症候群」，病人身體不舒服時會掛大醫院名醫的號，但掛號排得滿滿的，只能掛到一個月後的診次；等到看診的那天，在醫師問診的當下，症狀卻又好了。明明因為痛得快要死了而來求醫，站在醫師面前，卻又不痛了，令病人不知所措。

我曾經問一名電影導演：「拍電影的時候，什麼最重要？」他很快回：「運氣。」就算是一部看起來會很賣座的電影，如果上映時強碰其他強檔大片，很容易就被掩蓋過去了。一樣，時機是很重要的。

有一次，我在美國華盛頓特區參觀史密森尼美國藝術博物館，在入口處接受安檢時，安檢人員看見我的水瓶，便要求我打開後喝一口給他看，以確認裡面裝的不是鹽酸。我喝了一口之後，「呃」一聲，假裝快要暈倒的樣子，讓安檢人員嚇了一跳，臉色大變。於是我笑著說：「只是開玩笑啦。」結果，那名黑人安檢人員嚴厲警告我，開玩笑也要看對時機與場合。即使是玩笑或搞笑行為，也要懂得找對時機。

時機太早或太晚，都會失敗

有時候，時機太晚會失敗；有時候，時機太早也會失敗。

譜出超越當代的音樂、被視為音樂界怪胎的法國作曲家艾瑞克・薩提（Erik Satie）曾說：「在這個老舊的世界裡，我來得太年輕了。」

他的音樂雖然非凡，他所處的時代卻無法理解。即，時機太早了；另一個生錯時代的例子是才華洋溢的畫家梵谷，他出生得太早，生前只有低價賣出了幾幅畫作。反觀畢卡索，他生對了年代，生前得以享盡財富與名聲。梵谷在世時，同時代的人無法理解他驚人的畫作，可說是時機太早了。

行銷也一樣。舉例來說，十年前，我的主力商品之一是健康食品，只要有新的健康食品上市，幾乎都由我負責在購物節目上銷售。當時，CJ第一製糖公司推出新的健康食品「Meta-Win」，一樣由我負責銷售，雖然我幾乎賣過市面上所有的健康食品，但我還沒碰過使用天然原料、幫助減輕代謝症候群的產品，所以該款產品在當時而言是很新穎的。

如果有腹部肥胖、高血壓、高血脂、糖尿病、膽固醇異常等之中的三項以上，就是代謝症候群的患者。通常賣這種產品，只要放一放背景音樂，就算坐著賣也賣得出去，因為在韓國，每三個成年人就有一個人罹患代謝症候群，而且高血壓患者超過一千萬人；糖尿病患者也有七百萬人以上，任何人都可能為這五項裡的其中一項所苦。現在，有一款產品可以解決這些問題，說賣不出去，根本不可能。

當時，CJ第一製糖公司野心勃勃的策劃該款產品，也做好媒體公關、行銷活動等各項準備。現在，在網路上搜尋「Meta-Win」的話，仍看得到宣傳用的新聞稿，寫著「鑒於代謝症候群已經成為嚴重的社會問題之一，CJ第一製糖決定站出來，阻止問題惡化」。產品的名字「Meta-Win」也是取自「戰勝（win）代謝症候群（metabolic syndrome）」的意思。然而，我一開始就舉雙手投降，認為這個產品不會賣，因為十年前還沒出現那樣的時代趨勢，社會上也沒有相關的話題。

結果，銷量非常慘澹，甚至可以說是非常悲慘。我還記得當時節目的目標達成率是一八・一八%，數字低得令人不禁想嘆一口氣。原因是什麼？簡言之，就是時機太差了。「代謝症候群」這個名詞一直到今天才廣為社會大眾所認識，在十年前則仍然是一個很令人陌生的名詞，所以很少人會想買來吃。雖然新聞稿裡寫道「已經成為嚴重的社會問題」，但事實上，當時多數消費者都不知道何謂代謝症候群、它為何危險、為何需要控制，產品等於是太早上市了。

只看產品本身的話，真的很優質，對當時的時代來說卻太前衛。如果以當時的企劃，在今天推出的話，一定會熱賣。我再強調一次，銷售的關鍵在於時機。

順水推舟，每個商品都有最佳銷售時機

我為證券公司提供簡報諮詢時，經常聽到有人說：「投資股票，沒有所謂好的股票，只有好的時機點。」

有個金融用語叫「過度反應」（overshooting），指股價、匯率、利率等在短時間內瘋狂暴漲或暴跌，使市場上的交易人暴增或暴減的現象。這種時候，市場會變得特別忙碌，因為大量的交易人快速進場，並且賺了錢就走。金融的關鍵也在於時機，所以我向大宇未來資產公司的私人銀行業務經理提供銷售諮詢時，都說：「機會就像季節一樣，很快就消失了。有些高知識的傻子太聰明，花了太多時間在考慮、懷疑、計較，最後就錯失了機會。買賣的關鍵，是時機。」

如同「順水推舟」這個成語所言，在銷售領域裡，時機是很重要的。

相較於梅雨季節，下雷陣雨的時候，雨傘賣得更好。多數人的家裡已經有好幾支雨傘，所以梅雨季來臨時也不需要再買。但是，出門沒帶雨傘卻碰到下雨的時候，很多人就會掏錢買傘了。

珠寶賣得最好的時候，是農曆春節與中秋節剛結束的時候。以前擔任購物臺主持人時，賣過很多珠寶，每次節日過後，珠寶特輯節目就特別多，因為很多女性認為過節期間在婆家忙進忙出，過節後應該犒賞自己一下。而且，在那個時候，就算眼睛眨也不眨就買下昂貴的珠寶，老公也不太會多說一句，所以是個大好的機會。**每個商品都有它的最佳銷售時機，同理，也有一個最佳的購買時機。**

如果問：「哪個保險比較好？」是錯的，應該問：「什麼時候買保險才好？」

實支實付型醫療險可支付我們到醫院看病所花的費用，二〇〇九年就應該買了。我在二〇〇五年銷售醫療險的時候，大部分的實支實付型醫療險都是十年期，所以繳十年之後必須再買新的醫療險（適用於韓國）。但十年後年歲增長，不僅保險費會增加，如果過去十年內生過病的話，還可能被拒保。所以，短年期的實支實付型醫療險根本不吸引人。

但後來，保險公司之間展開競爭，單日門診最高理賠金額增加到五十萬韓元，結果到了二〇〇九年，我賣到ＬＩＧ保險公司（今韓國ＫＢ保險公司），一款單日門診最高理賠金額一百萬韓元的醫療險，就算只是在醫院接受磁振造影（ＭＲＩ）那類小檢查，也會全額給付。如今的醫療險，單日門診最高理賠金額只有三十萬韓元左右，額度限制也很多。

兒童保險也應該在那時候買才對。我銷售過新韓人壽保險公司的一款兒童保險，每次去醫院看病都會無條件給付一萬韓元，只要帶小孩去不同醫院看小兒科、眼科、耳鼻喉科，一天就可以賺進三萬韓元。兒童原本就容易生小病，有的父母甚至每天帶小孩去不同醫院治流鼻水，一個月就領走一百萬韓元。但是，這樣的保險商品，對保險公司而言是吃不消的，所以現在市面上已經見不到了。

癌症險則應該在二〇〇〇年代初的時候買。我買了紐約人壽保險公司的癌症險，如果因為癌症而住院的話，保險公司每天會支付二十八萬韓元，總共可理賠一百二十天。我還買了另一款豪華型癌症險，一般的癌症診療費就可以支付一億韓元，連現在很常有人罹患、別的癌症險只理賠幾百萬韓元的甲狀腺癌，也會賠到五千萬韓元。當時，這種保險到處都有，一點也不稀奇。一九九〇年代末，市面上甚至有固定利率七％的年金險，只要買了，這輩子一直到死的那天，每個月都會有鈔票像薪水一樣入帳。那些錢不需要用勞力換來，只要把握好時機就行，如果這些保險商品現在還買得到的話，一定是人人必買。

有一個辦法可以讓我們花比廉價航空更便宜的價錢，搭乘大韓航空或韓亞航空飛到濟州島，只要滿足這三個條件：冬季、週間、晚上出發。事實上，我的部落格裡就有一張照片是整個大韓航空的飛機裡空空如也，只有我一個出差的人坐在裡面。就算是買東西，只要把握好時機，也一定可以省下錢。

不是商品本身好或價格便宜就一定會賣，而是要在能夠吸引顧客的時機銷售，顧客才會掏錢購買。接下來，我將進一步說明，什麼時候是顧客會願意掏錢購買的時機。

2 季節，會讓顧客自動打開錢包

季節具有絕對性的力量。在熱得讓人汗流浹背的夏日裡讀一首感性的冬季詩，或在冷風刺骨的冬日裡看一張讓人感到涼快的夏日海濱風景照，都沒有用。炎熱的夏日裡，你不會想起寒冷的冬天；反之，寒冷的冬日裡，你再怎麼努力回想也不會想起夏天的炎熱。很多人都認為季節是屬於感性層面，但從絕對性的角度來看，季節不僅受到理性的影響，也屬於理性語言的範圍內。

季節每年都會固定出現，所以永遠具有可預測性。每年年底，書店裡面總會出現許多預測明年趨勢的書籍。如果幾年之後再看一次那種書，會發現作者都是自說自話，那種「中了剛剛好，沒中就算了」的內容其實是不負責任的。但有一個部分絕對不會預測錯誤，即季節性需求與季節性策略。

季節性商品的銷售完全可以預測到，也絕不會出錯。今年夏天，你一定會需要泳衣；冬天，你也一定會穿衛生衣。夏天，你會吃西瓜；冬天，你會吃橘子。你只會在夏天找電風扇、在冬天找電熱毯，絕對不可能在夏天找毯子、在冬天找扇子。你一直都忽略了這種季節性商機嗎？如果季節完全可以被預測，就不應該錯失這種良機。

冰咖啡比較貴的原因

我們再談一談季節的力量。熱咖啡與冰咖啡，哪一種比較貴？冰咖啡通常貴五百到一千韓元，這是為何？實施問卷調查的結果，消費者大多認為原因有：

1. 冰塊比較多。
2. 需要更大的杯子。
3. 需要更多份濃縮咖啡。
4. 需要吸管。

請你也試著問問身邊的人，十之八九都會立刻回答：「因為冰塊。」但咖啡業者真的是因為這個原因而將冰咖啡的價錢訂得更高嗎？並不是，正確答案是「夏天的時候，價格比較高卻一樣賣得很好」。人們在冬天買咖啡是為了熱度與咖啡香，在夏天買咖啡是為了消暑與解渴，為了喝下冰咖啡之後的涼快感。當你全身都在流汗，你會認為多了那一千韓元根本不算什麼。由此可見，季節可以左右人的消費能力。

在忙碌的盛夏買冷氣，顧客才願意付錢

一般而言，冷氣空調技師就算再有實力，一天最多也只能裝設兩臺冷氣，因為裝設冷氣是一項大工程，必須在牆上鑽孔、架設室外機鐵籠、埋銅管等，必須花費很長的時間。所以，幾乎沒有技師會在早上載著三臺冷氣出門。但是，在最炎熱的盛夏季節，在購物頻道銷售冷氣的話，一小時就可以賣出一千臺以上；如果一週內賣個三、四次，總共可以賣出上千臺。而且，全韓國不可能只有我一個人在賣，其他購物頻道也都會賣冷氣，所以全韓國一週之內的冷氣銷量一定非常可觀。

如果在大熱天訂購冷氣，可能光是等配貨就要等一個月以上。假如七月底你受不了酷熱的天氣而買了冷氣，最久可能要等到八月底才到貨，也就是初秋微涼的時候才裝得了冷氣。一名冷氣銷售負責人曾經說，如果顧客要等那麼久才能夠裝好冷氣，他會對冷氣業者飆出所有三字經。

那麼，**購物頻道什麼時候賣冷氣？**你可能會回答「春天」，不然就是「冬天」或「秋天」。消費者問卷調查的結果也是如此，但**正確答案是「夏天」，而且是最炎熱的時候**。為什麼？因為消費者要切身感受，才會願意付錢。消費者要真正感覺到熱，才會想要買冷氣。

在三月的春天或寒冷的冬天賣冷氣的話，百分之百賣不出去。所以，就算配貨時間很久、會被消費者罵，業者一樣會在夏天賣冷氣。雖然偶爾初春的時候會出現反季節性的冷氣

銷售活動，但那大多是因為企劃人員缺乏銷售經驗所致。所以，通常六月溼度開始上升、人們開始覺得悶熱的時候，購物臺會展開冷氣銷售活動；如果五月就開始變熱的話，也會開始排入冷氣的銷售。熱的時候，就應該多多推銷冷氣。所以，樂天Hi-Mart量販店每年六月都會掛起布條寫：「現在買冷氣最便宜！」

冷氣什麼時候買真的最便宜？是冬天嗎？不對。所有家用電器都是自上市以後，價格逐步下降，如此而已。家用電器會隨著時間流逝而逐漸失去新鮮度，與食品的特性不同，所以不會像食品一樣舉行低價清倉的促銷活動，也不會因為季節相反就降價賣。雖然季節相反時的庫存品可能會稍作打折，或季節來臨前可以先預購，但絕不會像消費者所希望的那樣大幅降價。就相信通路專家的話吧！需要的時候再買，才是正解。

各位要好好把握季節。以前我在購物頻道銷售相機的時候，他臺主持人都忙著解釋相機的性能，我卻是在介紹當時各地的文化節慶，鼓勵觀眾把握季節還沒結束的時候，去拍下一生難忘的照片。利用這種季節性策略，我們的銷售成績永遠都超過其他頻道。

3 紅露是啥？就是九月的蘋果

沒有任何花園、酒店、度假村會標榜「四季皆宜」；也沒有店家會全年打折，還生意長紅。我任職過的全球銷量第一的量販店沃爾瑪（Walmart），便曾經在韓國主打「天天最低價」，結果以失敗收場。

三星火災保險公司的廣告主旨為「你的春天」。雖然春天這個季節總帶給人美好的感覺，但即使到了夏天、到了秋天，甚至秋天都快過完了，他們依然在各大報紙上刊登廣告，呼喚春天。冷得要死的時候，人們對這種廣告文案根本無動於衷，隨著季節更迭，季節性策略都應該跟著改變。

在韓國，走進任何一間餐廳，店員做的第一件事情都相同，就是為顧客倒水。一年三百六十五天，不分季節，店員一定都會從放有燒酒、啤酒、飲用水的冰箱裡，拿出冷冰冰的一壺水，放到客人的桌上。即使是大雪紛飛的寒冬，客人一邊走進門、一邊對著掌心呵氣，店員也一樣倒冰水給客人。究竟是為何？我曾經問過許多到訪韓國外食產業研究院的餐飲店老闆，但每個人都一時之間答不出來。我研究了很久，終於得出結論：他們並沒有多想。餐飲業原本應該是最貼近季節脈動的行業，實際上卻毫無季節性策略可言。

一成不變絕非美德——符合季節的銷售計畫

金家快餐連續二十五年蟬聯韓國連鎖小吃店的業界第一，市占率比第二名高出五〇%。他們成功的關鍵就是，夏天推出清涼的冷麵與豆漿麵，冬天推出熱騰騰的烏龍麵，緊緊跟隨季節的脈動。

我曾經建議一名餐飲業者做出四種版本的菜單，分別對應四個季節：春天推出「新春菜單」；夏天的菜單上放個清爽的西瓜圖樣；秋天的菜單以落葉為背景；冬天的菜單畫出積雪的樣子。每個企劃都要符合當下的季節。

韓國人自古以來遵循二十四節氣，不同的節氣有不同的飲食習俗。雖然很少人會特地開車出門去找紅豆粥來吃，但每逢冬至，紅豆粥專賣店的前方都會變得人山人海，賣場也會特別設置「冬至紅豆粥」特賣區，銷量比平日高出好幾倍。平時，粥品專賣店也不是特別熱門的店，但到了冬至當天，生意都會好得不得了。

韓國人平時很少吃年糕湯，但農曆新年時會特意去吃（按：長條年糕象徵健康長壽），其中的道理是一樣的。沒吃的話，總會覺得錯過了什麼，甚至會感到內疚，認為自己一定要吃到。蔘雞湯也一樣，雖然我們全年都吃得到，但每到三伏天，蔘雞湯專賣店的前面一定大排長龍（按：韓國人相信「以熱治熱」，所以會在一年之中最熱的三伏天吃蔘雞湯進補）。

我曾經在購物頻道上稱元宵節為「堅果節」（按：元宵節吃堅果為韓國習俗），並將一整年都在賣的一款堅果禮盒，改名為「元宵節堅果禮盒」來銷售，結果如我所料，禮盒賣得特別好。雖然平時是不起眼的商品，但到了節日當天卻變得格外特別。

不是這個時候就碰不到的東西

每個季節遠去時，總會令人留戀。冬季雖然冷冽，但有烤番薯、滑雪、溫泉所帶來的快樂；夏日則有爽口的西瓜與悠閒的假期。當季節逐漸遠離，人們總會依依不捨，因為短時間內再也無法擁有那些體驗，每個顧客多少都會出現這種心理，不希望與季節擦身而過。所以，應該善加利用季節的力量，讓商品顯得特別。

有一堆看起來很普通的蘋果。「九月的蘋果非常特別！這個品種名為『紅露』，味道非常好，只有在九月才吃得到。」這樣宣傳的話，平凡無奇的紅露蘋果，銷量立刻就提高。

雖然明年的這個時候一樣吃得到，但人們只要聽到「不是這個時候就看不到、買不到、吃不到」這種話，就會被吸引；不要說「春天要來濟州島」，應該說「油菜花盛開的濟州島，只有現在才看得到」；秋天時，要說「想要拍下全世界最美的秋芒絕景嗎？快趁現在！」人們才會被說動。

販賣季節性商品時，也要讓顧客對季節產生深刻感受才行。例如，在冬天推銷旅遊套裝行程時，說：「天氣冷颼颼，就飛去溫暖的東南亞吧！」如何？這麼平凡的文案，人們經常看到，一點新意也沒有。如果寒冬清晨出門上班的人在路上聽見：「菲律賓宿霧今日天氣，早晨二十五度，中午三十度，到處充滿溫暖的陽光，心情實在好得不得了。快點出發吧！宿霧正在等著你！」一定會恨不得立刻飛過去。

韓國香水品牌「香水工坊」（Scentlier），在二〇一六年春季新產品「山清之春」的廣告文案是，「充滿智異山與山清郡春天氣息的薔薇花香」，具體寫出地點與花的品種，滿滿散發春天的氛圍。我公司的人為了寫出好的季節性廣告文案，平時就經常閱讀隨筆或散文集，並做成筆記。你也可以試試看，這將有助於你寫出動人的季節性詞句。

聽到他說話，我就想買！

- 產品一：堅果禮盒。
- 話術一：元宵節為「堅果節」，將賣整年的堅果禮盒改名為「元宵節堅果禮盒」。
- 產品二：普通的蘋果（在九月時銷售）。
- 話術二：「九月的蘋果非常特別！這個品種名為『紅露』，味道非常好，只有在九月才吃得到。」

4 萬一時機真不對，怎麼克服？

任何產品都有它的需求旺季；水暖電熱毯的需求旺季在冬天；電風扇則是在夏天自然賣得出去。但有時候，偏偏必須銷售那種沒有明確季節性的產品，或者產品雖然有季節性，卻必須在需求淡季的時候銷售。這時，應該如何克服季節阻礙，並擬定反季節銷售策略呢？就算產品或品牌剛好與當季無關，也應該厚臉皮的將它與當時的季節連結在一起。假設現在是六月，出現許多廣告如下：

「大熱天的地鐵車廂裡，你恨不得立刻逃出去，對不對？想要找到走路距離公司十分鐘的好房，就用『直房』App！」（韓國線上租房App「直房」）

「六月＝肉月。暑氣提早來臨，就靠吃肉來戰勝！」（E-Mart量販店）

（按：韓文的六和肉為同音字。）

「地球上太熱的話，就進來G9團購網！」（G9團購網）

（按：韓文的G9諧音類似地球。）

以上產品及品牌，事實上與季節毫無關係，但無論如何也要扯上季節。**如果是季節性產品，卻碰上反季節的銷售時機，廣告文案也必須克服季節所造成的障礙。**

克服季節阻礙的廣告文案

談到季節性語言，我先舉食物為例。每到年初，生意變最差的地方之一是漢堡店。很多人平時喜歡吃漢堡，年初卻不會吃，因為不想以漢堡來迎接新的一年。所以年初，漢堡王（Burger King）會廣告「新年吃華堡，今年不會老」，以克服季節阻礙。

我替韓國農業協會某分會的冷凍乾燥春季野菜提供廣告諮詢時，沒有建議「春天就吃春野菜！」那樣的文案，而是建議寫「天天都品嘗得到春天！」、「原本季節限定的春季美味，現在一年四季都吃得到！」、「比歷代君王更有福氣！全年都吃得到春季野菜！」

接下來，我舉健康食品為例。若要銷售以兒童與青少年為對象的健康食品，什麼時候會是需求旺季？期中考、期末考、大學入學考試都不是，正確答案是五月。問題是韓國學校三月才剛開學，多數家長都把錢砸在課業上，比較不會去投資孩童的健康。所以，我在銷售「正官庄」、「紅衣將軍」、「含笑兒」、「紅蔘通通」等品牌的產品時，寫出了克服季節阻礙的廣告文案：「冬天，操場空蕩蕩，因為天氣冷，小孩都窩在家裡，活動力下降，體力也跟著下降。但是，開學後要過團體生活，萬一隔壁同學感冒，很快就會傳染給我家孩子。

生病都是因為免疫力下降，所以，提升免疫力是首要課題！」

維他命的需求旺季也是春天，其他季節的買氣都比較低迷。那麼，廣告文案應該如何寫，才能克服季節阻礙、讓一年四季都熱賣？我賣健康食品好幾十年來，成功的季節性策略如下：

維他命健康食品的各個季節廣告文案

春
春天是最常感到慢性疲勞的季節，白天開始變長、活動量逐漸增加、睡眠時間越來越短，身體無法快速適應，就會發懶、無力、呵欠連連。這種身體反應可以說是春天營養不均衡所導致，因為從冬天邁入春天，緩慢的新陳代謝開始活躍起來，自然會產生上述生理現象。春天萬物復甦，人體代謝加速，過程中，產生的活性氧卻具有強烈的細胞毒性。 這時，能夠分解細胞毒性物質、具有抗氧化作用的東西，就是維他命。 換季期間，應該好好保養身體，讓身體適應環境上的變化。飯後想睡覺、出現慢性疲勞或春睏的症狀時，不要喝咖啡，改吃維他命吧！

（續下頁）

夏

夏天日出早、日落晚，白天變長，在戶外消耗體力的時間也變長，所以更需要為身體補充維他命。夏天高溫潮溼，活動量又多，比其他季節更容易疲累。如果連續多天都是三十度左右的高溫，人體的呼吸、消化、出汗等基礎代謝反應就會加速，體內酵素也消耗得更快，很容易感到疲倦、沒有食慾。這些現象的起因就是有害身體的活性氧，當活性氧累積在我們體內，不僅會導致疲勞，也可能引發老化、成人病，甚至是癌症。

維他命不僅具有抗氧化效果，同時也是保護皮膚免於夏季強烈紫外線傷害的重要角色。維他命可以促進皮膚受損部分再生、抑制黑色素形成、減少黑斑及雀斑。為了皮膚的健康，不光是重視防曬，攝取維他命也很重要。

休假旅行回來總會出現體力下降等後遺症，準備考試的學生也會因為常用腦、壓力大而沒有活力。雖然每年夏天很多人會吃進補料理，但回過頭來，平日確實補充營養，才是守護健康的真正關鍵。其中，最簡單的方法就是攝取維他命，輕輕鬆鬆就可以吃進人體一日所需的營養。炎熱暑氣之下，就要以維他命來提振精神。懶洋洋的夏日裡，維他命可以為你補充活力，讓你愉快度過夏天。

秋	冬
秋天是食慾上升的季節，很多人以為自己已透過食物攝取到足夠的營養素，反而容易忽略攝取維他命。但是，維他命是一種很脆弱的營養素，一旦加熱就會被破壞。你常吃的米飯、蔬菜、鍋類、湯類、魚類、肉類，全部都經過加熱。缺少碳水化合物的時候，我們會想吃飯或麵；缺少蛋白質與脂肪的時候，我們會瘋狂想吃肉；但缺少維他命的時候，我們不會感覺到飢餓。所以，秋天吃得再多、再飽，也可能一直都沒攝取到維他命，維他命必須刻意去補充才足夠。	冬天是一年之中身體最虛弱的時候。從韓國國民健康保險公團的報告就可以看出，冬天是就醫率最高的季節。人的免疫力在冬天最低，而且冬天的時候無法像其他季節一樣攝取到豐富的新鮮蔬果，所以維他命的攝取量更少。 此外，由於冬天的戶外活動減少、日曬不足，人體必須曬太陽才能合成的「陽光維他命」維他命D的含量也會變少。缺乏維他命D時，人體將無法正常調節血壓、血糖及發炎反應，高齡者容易罹患憂鬱症，兒童與青少年不能好好吸收鈣質，骨骼就會開始變得脆弱。事實上，冬天有些孩童只窩在室內看電視、玩電腦，結果得了佝僂病。好好攝取維他命，就可以輕鬆免除這些問題。

以不同的廣告文案去符合各個季節的話，消費者會很理性的買單。既然前面提到維他命，下面就來談與維他命並列兩大明星健康食品的Omega-3魚油。魚油應該在什麼時候賣？如果你回答「冬天」就錯了。如同前面學到的，一年四季都應該賣。

魚油健康食品的各個季節廣告文案

春	懸浮微粒是威脅心血管疾病患者的一大危險因子。在空氣汙染最嚴重的春季，懸浮微粒將經由肺泡，入侵到血管之中，造成身體發炎，進而引發心絞痛、中風等。 多數人以為冬季最要慎防心血管疾病的發生，但事實上春季比冬季更危險。根據韓國健康保險審查評價院近兩年來的統計結果，三月至五月心血管疾病科的看診人數比十二月至二月的看診人數更多，原因就在於氣溫。 春季介於冬季與夏季之間，白天的氣溫可以像夏天一樣高，晚上的氣溫可以像冬天一樣低。面對如此大的日夜溫差，自律神經系統為了使體溫恆定，會讓血管反覆縮放，導致血管出現問題，進而引發心血管疾病。
夏	韓國健康保險審查評價院的資料指出，夏季的急性心肌梗塞患者數量，與冬季的相差無幾。相較於冬季，夏季反而更是心臟病的好發季節，因為夏天經常流汗，導致體內水分不足，進而使血液濃度上升、變得黏稠，血流變慢、血壓下降，而容易出現血管問題。
秋	氣溫每下降一度，心肌梗塞的發病機率就上升二%。血管在夏天經過擴張以後，到了秋天便開始收縮。但年紀越大的人，血管越沒有彈性，血管內部容易形成血栓，造成血管阻塞、引發血管疾病。

冬

冬天是吃得多、動得少的季節。進出寒冷的零度以下之戶外空間，與溫暖的零度以上之室內空間之間，擴張中的血管容易因為遇冷而收縮、使血壓上升，此時，自律神經系統為了維持體溫恆定，會使血管反覆縮放，讓血管過度工作，進而引發心血管疾病。在冬天，人們喜歡泡溫泉、去汗蒸幕，但對心血管較脆弱的人而言，冬天可能是致命的季節。

把一年四季都變成需求旺季

每次季節改變，韓國電視購物頻道的畫面風格也會隨之改變。由此看來，我所訂定的季節性策略似乎依然被應用著。前面，我介紹了兩種健康食品的各個季節廣告文案，現在，你也試著將這樣的策略應用在別的產品上。例如，冬天廣告：「從此不再咳咳咳！」、夏天廣告：「幫身體充電，衝啊衝啊！」、春天或秋天廣告：「換季不再病懨懨！」

家用電器什麼時候最好賣？你可能會認為家用電器與季節沒有相關，事實上，每年年底是需求旺季。所以，三星電子會在年底廣告「現在是送禮的最佳季節」，一月則舉辦「三星電子學園祭」，抓住新學期的商機。

現在來談看似與季節沒有相關的生活小家電。試著問身邊的人，寢具吸塵器什麼時候最好賣？會發現每個人的答案都不太一樣。正確答案如同前述，是「應該要一年四季都很好賣」。下面是我替某個寢具吸塵器業者想出來的各個季節廣告策略：

理賠。」這樣的季節性語言，吸引了三十萬名觀眾來電諮詢。

大部分的購物節目主持人都會在節目結尾時說：「現在就來電訂購！」但如此機械性的語言，觀眾想必都聽膩了。我負責銷售的時候，冬天早上會說：「記得吹乾頭髮再出門，小心不要感冒了！」早上下雨時會說：「記得帶雨傘、穿上好走的鞋子再出門喔！」秋天深夜會說：「晚上氣溫下降，記得關窗、在床頭放一條溼毛巾再睡覺喔！」夏天夜晚會說：「祝您好夢一覺到天亮！」讓節目的結尾永遠都緊貼當下的時間及狀態。

雖然我已經不當購物節目主持人很久了，但偶爾還是會有觀眾認出我、記得我在節目上說過的話。或許正是因為，切合當下的話讓人感到印象深刻吧！

5 二十四小時裡最熱賣的時段

季節性策略不僅可以將季、月、週作為單位，也可以將一天細分為不同的時段。即使你沒有優惠券或點數，仍有辦法用更低的價錢買到餐點，就是利用餐廳的「優惠時段」。美國很多餐廳都設有優惠時段。近年，韓國也有越來越多餐廳提供這種服務。所謂優惠時段是一天當中顧客較少的時段，只要在這個時段到餐廳消費，就可以享有優惠的價格。常見的優惠時段為下午四點至五點。

特定時段折扣的祕訣及不同時段的顧客策略

優惠時段並非以結帳時間來認定，而是以點餐時間來認定。所以只要在優惠時段內點餐，繼續待到晚上，就可以用便宜的價格享受到晚餐時段客人所吃的相同餐點。只要善加安排時間，就可以省到錢。

例如週間早上七點到八點，都市居民的網路搜尋關鍵字排行從第一名到第十名都是「三三一七」、「三四二二」、「三三一五」、「四三一八」、「二三一一」這種數字，其實都是公車路線的號碼。相反的，夜間十二點到一點，許多人會在網路上搜尋商品並以手機線上付款，大多購買內衣與睡衣。

韓國的電視購物臺通常會在每天早上六點到隔天凌晨兩點間，直播總共二十小時的現場節目，但夏季經常延長到凌晨兩點之後，因為夏季白天變長、戶外活動變多，很多人比平常更晚回家，自然也會更晚就寢且看電視看到更晚。所以，電視購物臺也跟著人們生活作息上的改變而進行調整。倘若碰上夏季奧運，就會變成二十四小時現場直播，瞄準夜貓子商機。

我曾經將時間分得更細，一樣成功提高了銷售量。早上六點到七點二十分銷售人蔘產品的期間，我依照時段性策略，進一步調整了主持人用稿的內容。

早上六點節目剛開始時，我先以穩重、柔和的語氣說：「各位長輩，現在是百歲人生的時代，但是，重點不是活得久就好，應該要健健康康、長命百歲。請多多吃人蔘喔！」快到七點時，語調開始提高、加速，營造出特輯節目的氛圍，改說：「為了爸爸媽媽好，送他們人蔘禮盒吧！」之所以如此操作，是因為六點有許多高齡者在收看，七點則變成剛剛起床的青年人在收看。可見，即使是這麼短的時段之內，隨著不同時間而調整銷售用語，一樣也可以提高銷售成績。

聽到他說話，我就想買！

- 產品：人蔘禮盒。
- 話術：早上六點節目剛開始時，先以穩重、柔和的語氣說：「各位長輩，現在是百歲人生的時代，但是，重點不是活得久就好，應該要健健康康、長命百歲。請多多吃人蔘喔！」
快到七點時，語調開始提高、加速，營造出特輯節目的氛圍，改說：「為了爸爸媽媽好，送他們人蔘禮盒吧！」

6 節日會讓人變得不理性，不要放過特殊節日

在想花錢的時候花錢是最好的，但**有時候，不想花錢也得花。例如：那些不必要的節日**。韓國業者的節日行銷活動就像故障水龍頭的水，多到滿出來：一月十四日是要送日記本當禮物的「日記情人節」；二月十四日是要送巧克力當禮物的「西洋情人節」；三月十四日是要送糖果當禮物的「白色情人節」；四月十四日是要吃炸醬麵的「黑色情人節」；五月十四日是要送玫瑰當禮物的「玫瑰情人節」；六月十四日是要以親吻表達愛意的「親吻情人節」；七月十四日是要送戒指當禮物的「銀色情人節」；八月十四日是要一起聽音樂的「音樂情人節」；九月十四日是情侶要一起拍照的「相片情人節」；十月十四日是要一起喝葡萄酒的「葡萄酒情人節」；十一月十四日是要一起看電影的「電影情人節」；十二月十四日是要互相擁抱的「擁抱情人節」。在韓國，可以說是一年到頭都在慶祝特殊節日，簡直成了「忙碌共和國」。

雖然知道這一切節日都是業者的行銷手段，卻依然免不了要因此破費，因為我們都忘了，自己正被這些節日所引起的各種情緒而耍得團團轉。每次節日到來，消費者就會被激起浪漫情懷，殊不知業者都在期待大賺一筆。對於特殊節日的情感，讓我們都變得不理性。

身體無恙，卻買了更多健康食品

人在身體不適的時候，習慣去找健康食品來吃。根據韓國國民健康保險公團的報告，每年十二月、一月、二月是民眾最常去醫院的時候。但是，韓國健康機能性食品協會的資料卻指出，每年五月健康食品卻賣得最好。這是因為韓國的五月有父母節、教師節、兒童節，也是「家庭月」，是有許多節日的月分。事實上，通常五月是一年之中身體狀況最好的時候，不是嗎？但在那一個月內，人的理性卻暫時被麻痺了。

倘若沒有這些特殊節日，花卉業者會變得很辛苦。每年開學日與畢業典禮當天，學校大門前方都會站著許多花店的送貨員，競爭非常激烈。不過，意外的是，有一個日子的競爭並不激烈，生意卻很好，即五月第三個星期一的「成年日」。

以前與某大學展開專案合作的期間，我親眼在學校看到，那陣子，有些花卉業者會出現在大學校園前面，販賣的不是大型花束，而是單支花束。單支花束輕巧、易於攜帶，也適合作為春天的禮物，因此吸引到非常多學生購買。

現在很多人在用的某個季節性主持用語，最早是由我開始的。我剛進公司擔任購物臺主持人的時候，二月中旬要在節目上銷售維他命。製作人總是千篇一律的在畫面上打出「減少活性氧、具有抗氧化效果、必備營養素」這種字幕，但我有豐富的通路經驗，所以沒理會畫面上的字幕，而是主打季節性訴求：「下個禮拜就是情人節了。麵包店、便利商店賣的都是包裝浮誇、裡面卻少得可憐的巧克力或糖果禮盒，吃了只會蛀牙或得糖尿病，還不如送健康食品——我們人體必需的維他命作為禮物，簡直好太多了！與其送吃完之後就忘記的糖果禮物，送一年份健康食品的人會被記得更久！」

切中季節的這段話讓產品銷量獲得了爆炸性的提升，超出企劃人員與產品商的預料。自隔年起，每到同一季節，所有購物頻道的畫面字幕都更改了。

現在，我將傳授一項關於節日行銷法的祕訣。如果你是保險業務員，請一定要記住下列重要節日：

銷售保險的節日行銷法（部分節日只適用於韓國）	
三月八日：婦女節	七月二十八日：世界肝炎日
三月二十一日：防癌日	九月二十日：世界阿茲海默症日
三月二十四日：牙齦保健日、預防結核日	十月二日：世界老人日
四月七日：世界衛生日	十月二十日：護肝日
四月二十日：身心障礙者日	十月二十五日：金融日（儲蓄日）

五月十七日：世界高血壓日	十月二十九日：世界中風日
五月三十一日：世界禁菸日	十一月九日：消防節
六月五日：世界環境日	十一月十四日：世界糖尿病日
六月九日：世界口腔健康日	十二月三日：世界身心障礙者日

三月二十一日韓國防癌日當天，所有報紙、電視、網路、健康頻道、廣播電臺都會推出「防癌特輯」。如果沒有特殊的社會議題，記者就會將這類節日作為特輯的主題。政府也會為了進行宣導，而透過廣告代理商來帶動話題，甚至在電視劇與綜藝節目中傳遞訊息，使這類節日受到社會關注。簡言之，這類節日是政府幫助業者提升銷量的日子，保險業者應該更賣力銷售防癌險。

「親愛的貴賓您好，今天是防癌日，因此傳達一項實用資訊給您。」像這樣，業者可以藉此多一個聯絡顧客的機會。同理，在三月二十四日韓國牙齦保健日與六月九日世界口腔健康日當天，一定會出現牙齒相關的特輯報導，使大眾有更多的需求，業者應該更努力銷售牙齒險。

五月十七日與十月二十九日，應該向顧客推薦能夠提供心血管疾病相關保障的商品；

七月二十八日世界肝炎日，一定會出現探討肝炎的報導；九月二十日，到處都在談阿茲海默症，電視公益廣告會宣導可以播打阿茲海默症諮詢專線，紀實節目也會播出阿茲海默症患者的身影，這天當然適合銷售失智險與長照險；十月二十五日應該主推儲蓄險；十一月九日應該主推住宅火災險；十一月十四日為世界糖尿病日，應該主推糖尿病患者也可以加保的醫療險。以上這些議題，每年都會出現，所以業者應該盡量應用節日行銷法。

本章重點

季節總是非常驚人的準時到來。夏日似乎漫長得永無止境時，從某天開始，樹木卻開始掉葉了；萬物在冬季看似將永遠被冰封起來，但冒出新芽後，過去的一切又像從未發生過，季節總能讓人感受到它的變化，季節的力量無與倫比。每到十一月，江原道的居民就會在車內放置除雪用具。不是人們主動這麼做，而是季節促使他們這麼做的。當季節來臨，人們自然會想到要這麼做，而業者所要瞄準的就是這個部分。

我因為長年從事銷售，所以每到特定季節、月分或節日，就會不自覺說出特定的句子，以及用特定的方式迎接時間的到來，而且幾乎每次都很準時，彷彿我的大腦及身體已經習慣了季節行銷法。

季節性策略的另一大優勢是，只要在第一年策劃好銷售模式，自第二年起就能輕鬆應用下去。趨勢雖然年年會變，季節卻是每年依舊。所以，業者應該善用季節。

此外，也不要忽略社會上的重要議題、新聞時事及熱門話題。美國駐韓大使遭人持刀攻擊臉部的事件發生時，我正好在籌備某兒童保險的銷售影片，便在影片裡特別強調該保險可給付兒童臉部整形手術的費用，那原本並非保險內容的重點，當時卻讓銷售業績大幅飆升。就像釣魚的人必須時時注意漲退潮的時間，銷售者也要懂得把握時機。

聽到他說話，我就想買！

對於消費者，千萬不要輕易下結論，因為消費者的心就像月亮一樣千變萬化。月有陰晴圓缺，消費者的心也會在月初、月中、月底有所改變。所以，利用高超的季節性語言，緊緊抓住消費者的心吧！

第 3 章

換個地方更好賣，我這樣利用空間法則

① 哪裡的風箏最好賣？風強的地方

遊樂園的紀念品店通常都設在園區出口處，而且店員都不會主動上前推銷。因為，就算店員坐著不動，那些剛從遊樂園裡走出來的小孩也會被紀念品吸引。這是一種很好的銷售策略。反之，有些地方的空間設計就不是那麼妥當。我曾經帶姪子到大關嶺羊群牧場，體驗餵羊吃草、也照了很多照片，愉快度過了一天。但要離開時，出口處竟然在賣烤羊肉串，我姪子和其他小孩全都哭著向那些正在吃他們的動物朋友——不，是烤羊肉串的大人們表達強烈反對。

另外，請問各位讀者，下列三點之中，哪一點是放風箏最重要的成功條件：

1. 風箏的模樣與性能。
2. 放風箏者的熟練度。
3. 風夠強的地點。

正確答案為3。即使風箏與放風箏者再厲害，沒有風，風箏就飛不起來。所以，放風箏時最重要的是「地點」。同理，在行銷與銷售領域，比起「賣什麼」，有時候「在哪賣」更重要。

地點對錯賣出與否的關鍵

辣炒年糕在天氣冷的時候更好賣，還是天氣熱的時候更好賣？你可能會認為是前者，但正確答案是「好的地點」，好的地點會讓東西更好賣。我在韓國外食產業研究院遇到的幾位辣炒年糕連鎖店店長也都這麼認為。

在銷售領域裡，地點是很重要的因素。你沒聽過有人開便利商店而賺錢嗎？拜託，釜山西面商圈的超商7-ELEVEN一號街店，每年銷售額超過七十億韓元；水原火車站的GS25便利商店，每年銷售額超過八十億韓元；首爾奧林匹克公園地鐵站的GS25便利商店，每年銷售額足足有一百一十五億韓元。這些便利商店的銷售策略、陳列方式或話術比其他分店更厲害嗎？並不是，它們只是坐落在好的地點。地點非常重要。首爾汝矣島上的便利商店是可以佐證的另一個案例，它們平時的銷售額都跟其他地方的分店差不多，但每年秋天舉辦煙火節的時候，單日銷售額就可以超過數個月的銷售總額。

什麼人最常喝「保佳適」（Bacchus）或「維他500」那種能量飲料？韓國第二十屆國會選舉期間，便利商店的能量飲料銷量增加了一倍，因為許多助選人員一整天不斷活動，一次都買走好幾箱的能量飲料。每到選舉季，地鐵站與大型道路周邊的便利商店都會事先料想到這樣的特殊需求而提高進貨量。

有些地方，即使不做任何努力，人潮依然川流不息，證明了地點的重要性。例如，醫院旁的粥品專賣店或駕照考場旁的照相館都是如此。下面我再舉出更多的例子。

不久前，我到ＫＢＳ電視臺分館錄節目。錄影開始前，我因為肚子餓而走進了電視臺大樓前面的一間小吃店。那間小吃店的外觀與食物味道都很普通，牆上卻寫滿了藝人的簽名，比一般的著名小吃店還要多。說不定，老闆只要憑那些藝人的簽名，到任何地方開分店都會成功，或者將藝人的簽名高價賣給其他餐廳也可以。

甚至，就乞討而言，地點也比實力來得重要。我曾經在永登浦地鐵站看過一名乞丐，就坐在地鐵票保證金退款機的旁邊，幾乎每個人都把退款的五百韓元硬幣送給了他。

打破有關「好地點」的偏見

很多韓國人應該都曾經在高速公路收費站付完款、收到零錢的時候，看到紅十字會人員恭敬的捧著募款箱，前來勸募。大部分的人都會認為一點零錢不算什麼，而將零錢捐出去。這又是一個選到好地點的例子，比站在江南地鐵站那種人潮來來去去的地方更能獲得成效。

我曾經問過其他人，「你認為救世軍（按：創立於英國倫敦，以基督教作為信仰基本的國際性宗教及慈善公益組織）年底勸募活動的最佳地點是哪裡？」如你所想，最多人的答案是「明洞」。然而，近幾年募款成果的最佳地點是，蠶室地鐵站地下街的樂天世界主題樂園出入口，因為很多人會和家人一同前往。反觀人潮最多的明洞地鐵站出入口，只排在第九名，因為明洞主要都是短期停留的觀光客。因此，選擇地點時，不應該籠統推測，應該謹慎分析真實情況。

說到這裡，你可能會認為租金高、人潮多的地點是最佳選擇，但事實上，不全然如此。化妝品店雖然大多坐落在大馬路上，但澳洲化妝品品牌伊索（Aesop）的店面只開在巷子裡，以貼近消費者的日常生活，而這樣的策略使它們獲得成功。所以，有時候，拋棄成見是很重要的。

由於地點逐漸成為行銷的必要條件之一，有越來越多店家選擇以地址本身作為店名。「島山大道一街十二號」咖啡廳的店名就是它的地址；「德黑蘭路十六號街」是一間坐落在德黑蘭路十六號街的沙拉專賣店；「安國一五三」是一間坐落在安國洞一五三番地（街區號碼）的麵包店；「水澤洞二八〇一三」是一間麵包店的店名兼地址。我工作的地點——美國洛杉磯威爾希爾大道上的辦公大樓，也沒擁有特殊的大樓名，外面只寫著大大的數字「三五五〇」，是地址同時也是大樓的名字。

週末到量販店採購時，光是在裡面逛一小時，就相當於走了兩公里的距離。賣場負責人時時都在研究要將哪個商品陳列在哪個地點，好讓顧客逛得更久、買得更多且不覺得累。通路業者稱之為「貨架規畫」（planogram），指以銷售數據為基礎、分析每單位空間銷量的商品陳列計畫。如果要符合顧客動線並且賣得好的話，就應該將商品陳列於顯眼處，並將互有關聯的同類商品放在同一區。例如，動線流暢的貨架前後端，應該擺放近期主打或促銷的商品；生魚片區的旁邊應該擺放酒類；啤酒區的旁邊應該擺放各式下酒菜；鮮奶區的旁邊應該擺放營養麥片。

多年來，我進行過許多事業項目說明會、代理提案或宣傳活動，也在會議中心、展覽會場多次擔任主持人。即便如此，每次要參展、設立攤位時，我仍會另行聘請視覺陳列設計師（visual merchandiser，簡稱ＶＭＤ，負責規畫商品陳列及賣場整體布置的人員），將攤位布置的所有事務都委外處理，拍攝工作也一樣。我們公司雖然有自己的攝影師及工作室，仍然會委託外部的專業展示人員，來規畫如何讓場地符合產品的概念。我們深知空間配置的重要性，所以都另外聘請專家來處理。

韓國國內五大法律事務所之間有一項共通點：都坐落在高樓層，擁有絕佳的辦公室窗景。某法律事務所的一名律師告訴我：「委託人來到事務所之前已經充滿壓力了，要是事務所的辦公室又坐落在地下室那種不見天日的地方，不太可能會把案子委託給我們；反過來，如果辦公室的景色開闊，委託人就會覺得案子有解決的希望，也會對事務所產生信賴感，而把案子委託給我們。」這代表，他也深知空間所具有的力量。

我不常在大學演講，但出新書時仍會去某幾間大學演講。其中，我在釜山東西大學演講過許多次，並曾經到訪該校工業設計系姜範奎教授所經營的公司，十分具有工業設計的風格，該公司蓋在一座山坡上，可以清楚看見廣安大橋，並且兼營咖啡廳。我不覺得自己是去商務考察，而是度過了一段療癒身心的時光。

我很少羨慕別人，但我很羨慕這名擁有一棟如此美麗建築物的大學教授。我回到公司後甚至試算了一下，如果我買下它旁邊的土地、蓋一棟建築物的話，會需要多少費用。像這樣，有時候一間公司的空間比它的產品更令人印象深刻。

沒有任何產品比房地產更強調「空間」的重要性。即使是同一棟公寓裡，不同戶的不同坐向、景觀、空間配置、動線，都可能導致幾億韓元的價差。以首爾市蠶室洞的住商混合住宅「Galleria Palace」為例，即使是坪數相同，A棟的價格也比C棟還要高。不是因為景觀，而是因為在A棟搭電梯可以直達有游泳池與健身房的百貨商場，C棟住戶則多了一些不便，必須先穿越樓下的停車場才能走進商場，那僅僅五十公尺的距離差就使價格出現了差異。

2 空間性語言，依據不同地點改文案

好的空間當然能夠帶來好的銷量。意識到空間的重要性後，下一步就是認識符合空間的語言——空間性語言的重要性。就算當下所處的空間並不是好的空間，也應該利用空間性語言，創造出最高效益。

符合該空間的語言

假設你開了連鎖健身房品牌的三間分店，第一間坐落在設有養老住宅的建國大學入口地鐵站旁「The Classic 五〇〇」百貨商場內；第二間坐落在明洞「Migliore」購物中心內；第三間坐落在金融辦公大樓林立的汝矣島的「Park Center」大樓內。雖然三間分店屬於同一個健身房品牌，且備有相同健身器材，廣告文宣仍必須分別符合三個不同的地點。吸引新會員加入時，文宣應該如同下面我所列的做出區別：

養老住宅內的分店	運動是使你健康與長壽的特效藥！百歲人生的時代裡，透過運動，常保健康！
購物中心內的分店	很多人擁有再昂貴的名牌也沒有用！把你的身體鍛鍊成名牌！
金融辦公大樓內的分店	肌肉比退休金更強大！

如上，應該使用符合該空間的空間性語言，以進行宣傳。

假設你正在經營一間旅行社。如果要讓旅遊產品熱賣，關鍵就是寫出一句能夠馬上吸引顧客的宣傳文案。你可能認為，找出何時有最多人出門旅遊，使用季節性語言不也很好嗎？但是，好的空間性語言亦能創造明顯成效。下面是我為哈拿多樂旅行社（Hana Tour）提供銷售諮詢時所寫的廣告文案：

越南峴港的旅遊產品	能夠以這個價格來回一趟峴港，只有住在亞洲的時候！
澳洲雪梨的旅遊產品	能夠毫無時差問題的來回一趟雪梨，只有住在韓國的時候！

俄羅斯海參崴的旅遊產品	只要兩個小時，就能來一趟歐洲之旅！歐洲的隱藏寶石，最早迎接曙光的歐洲城市！只有身在韓國才能享受的特權！

空間性語言不僅要讓消費者體驗到臨場感，也要讓句子活潑有力。

韓國各地男廁的小便斗上幾乎都寫著「請往前一步」，或者不知由誰寫下的名言「男人不應該流的不只是眼淚」。某次，我為了參加行銷論壇，而前往某高爾夫球場的附設招待會場時，看見男廁小便斗上方寫著「飛行距離很短的話，請往前一步」，很符合所在的場所。我再舉一個例子。我參訪某資安公司時，看見男廁小便斗上方寫的是：「只要往前一步，就可以完整保護個資！」

左方表格是另一個空間性語言運用得很絕妙的案例：訂房應用程式「Yanolja」的地鐵與公車廣告文案，結合各地的地名，寫出非常具有創意且有趣的句子（按：此廣告文案中的韓文文字遊戲，難以完全在中譯後傳達出相同效果，僅能保有部分語意或稍微改寫）。每個地方的廣告並不是千篇一律，而是根據當地地名，寫出特有的文案，吸引過路人的目光。構思空間性語言時，除了單純運用某地的地名，也可以將當地的某些特徵或面向融入文案裡。

首爾市鐘路區	鐘路住宿，超多好處！
蠶室地鐵站	尋找好玩的事，就來蠶室！
新川地鐵站（今蠶室新川地鐵站）	搜尋好房，要靠新川！
建國大學入口地鐵站	錯過建大，損失最大！
天安市斗井洞	好房斗井在這裡！
釜山市海雲臺區	找不到好房，我們怎麼海雲臺！
釜山市西面商圈	好房都在西面的話？
東大邱車站	找不到好房，腳咚咚東大邱嗎？

韓國英語補習班「Siwon School」的地鐵廣告文案，會放在許多外國人及出入境旅客會搭乘、可通往仁川國際機場的地鐵九號線車廂內：「你要在這一站下車嗎？還差幾站？這裡可以坐嗎？可以請你把包包移開嗎？如果你不會用英語說這些句子，就表示該學英語了！」

地鐵九號線上有很多正前往機場、即將出國的乘客。以上廣告文案就是瞄準了這個特徵，精準抓住乘客的目光。

我們再看一個例子，服飾品牌「鱷魚」（Crocodile）的公車廣告：「您今天也穿同一套衣服搭公車嗎？」乘客如果是上班族，上車之前看到這個廣告，馬上就會覺得被說中了。

首爾市的大學路商圈裡，某漫畫店的招牌看板寫著「漫畫比話劇好」，瞄準的就是那些正在猶豫要不要、思考值不值得花錢看話劇的人（按：大學路以話劇聞名，該地區的劇場總數超過上百間）。以下是我的想法，雖然大概不會有漫畫店老闆決定付錢請我公司提供銷售諮詢，但如果是我，我會寫「一整天的漫畫勝過兩小時的話劇」，再加上副標題「我要雲朵般柔軟的漫畫店沙發，不要窄小的話劇場地座椅」。

利用空間特色的好文案

美國的機場裡，正在候機的旅客往往會一直坐在插座旁，替手機充電。插座旁的牆壁上貼有三星電子的廣告，文案非常有趣：「如果拿的是Galaxy S4（送行動電源，等於兩個電池），現在就可以開心逛免稅店，你們這些只能黏著牆壁的iPhone用戶（只有一個電池），真可憐。」這樣的空間性語言，一定會讓人不禁想「下次應該換三星手機才對」。

三星電子曾經在非洲國家蘇丹的戶外廣告上寫著「未來是什麼？」（What's Next?）。結果，華為在三星廣告的右邊立了一個相同大小的廣告看板，寫著「未來是華為」（Next is here）。

京釜高速公路的南二交流道到懷德交流道之間的路段經常塞車。韓國鐵道公社便在此處立了一個長十八公尺、寬八公尺的戶外廣告看板，寫著：「早知道就去搭高鐵！」在所有駕駛長吁短嘆的地方寫下這樣的空間性語言，非常巧妙。

位於京畿道廣州市的樹木園「和談林」園內設有平穩的坡道，讓推著嬰兒車的訪客可以一路慢慢走到最高處，所以很多父母會帶著小孩一起去。但是，推嬰兒車的人走路比較慢，不用推車的人走路比較快，兩者之間難免距離越來越遠，走得比較快的人往往會開始回頭催促道：「快點過來！」我曾經在登山時看到旁邊有看板寫著：「為何這麼趕？有急事嗎？一邊欣賞風景，一邊慢慢散步吧！」我觀察了很久後發現，自從設立那個看板後，登山者真的紛紛放慢腳步了。

我曾經帶姪子去韓國國際會議暨展示中心參觀沙土遊戲體驗展，一起做沙雕、玩黏土，而且到處都是小孩。後來，我讓姪子跟其他小孩一起玩，準備到牆邊的椅子上休息，卻看到椅子上寫著：「比起父母遠遠看著，孩子更喜歡父母和他一起玩。」看到這個句子，我根本坐不下去。這句話讓我決定忍住疲憊感，和姪子度過愉快的時光。

在首爾地鐵五號線的光化門站下車，往書店教保文庫走去，會看見一個廣告寫著：「在這裡翻一翻書，再上Yes24（韓國網路書店）購買。」意思是要讀者在實體書店盡情翻閱書之後，在線上書店以更便宜的價格入手，這個廣告的位置很絕妙。

某次，我在美國內華達州（State of Nevada）忙了一整天，當晚下榻在拉伏林（Laughlin）一間小型賭場的附設酒店裡。會到訪當地的人，大多是貨車司機或長途旅客，他們往往隔天清晨就要再次上路，所以純粹只是找個地方休息。我原本也打算儘早回房間洗漱與就寢，卻在拿到房卡時，看到上面寫著：「出去享受一下吧！」

運用空間性語言、如此簡潔且適切的一句話，使賭場的業績上升了。但如果是我，我應該會寫：「去賭場吧！你很快就不用開貨車，而是開遊艇！」

首爾市延南洞有一間著名餐廳「站著肋排」，白飯、泡菜、熱湯都不賣，連小菜也沒有，顧客真的只能在裡面站著吃完肋排後就離開，但餐廳外面依然經常大排長龍。排隊時，會看到旁邊牆壁上貼著一小張紙，寫著：「離站著肋排只有跑步三秒的距離！吃站著肋排，你一定需要的即食白飯、泡菜、罐頭、衣物芳香劑，本超市應有盡有！」看到這個廣告，每個人都會忍不住想要衝過去買。

就算空間本身的條件不好，只要利用好的空間性語言，也可以讓空間變得截然不同並創造收益。

假設你打算租店面做生意，走進了我開的房地產仲介公司，要我介紹坐北朝南的店面給你。可惜的是，我手上只有坐南朝北的案件。但我會因此就放棄你這個客人嗎？當然不會，我會利用適當的空間性語言，建議你租下坐南朝北的店面：「坐北朝南的店已經落伍了！任何行業的生意都不會好！如果門口的牆裝整面玻璃，一整天被太陽晒，冷氣電費真的不是開玩笑的！開餐廳，食物容易壞；開服飾店，衣服很快就褪色；任何東西都會嚴重褪色，店內陳列你會很傷腦筋喔！而且自然光線太強的話，你很難做出你想要的燈光效果，去凸顯你的商品。所以，店面應該避免陽光直射，會比較有利。坐南朝北的店面，冷氣費用不高、燈光容易調節，才是最好的選擇。」這麼說的話，就可以賣出顧客原本不想要的案件類型。

以上案例皆為符合該地區、場所、地點、空間的空間性語言，但語言不一定只能透過文字來表達。京畿道安山市檀園區有很多外籍移工聚居，非法傾倒垃圾的問題非常嚴重，區政府再怎麼宣導、開罰也沒用。即使裝設監視錄影器，外國人與非法居留者也不在乎。但後來有人想出一個辦法，一次解決了這項問題，就是在非法傾倒垃圾的地點，貼上外籍移工所屬國家的國旗，他就不再亂丟垃圾了，因為不會有人忍心在自己國家的國旗之前亂丟垃圾。如此巧妙的空間策略，成效立見。

空間指的並不只是實體空間及其地理位置，線上空間也包含在內。我剛接到中文教學機構「文井我中文」的業務委託時，第一步是先調查此機構。「文井我中文」的官網，每個月的訪客數達一百萬人以上，非常驚人，不像一般入口網站或新聞網頁，人們只是隨意點進去而已，會點開「文井我中文」首頁的人通常都帶有目的性，屬於主動前來接觸的潛在顧客。而且，如果每個月有一百萬個以上這樣的人到訪，那肯定是個龐大的市場，絕對不能忽視。

因此，「文井我中文」官方網站變成一個很重要的空間，但是，他們的業績卻沒有網站的訪客數量那麼多，很多訪客只是看一看就離開了，所以我想出一個能夠抓住訪客的好辦法。我在網站的正中央放上由我親自推薦「文井我中文」產品的直販影片，使進入網站的訪客觀看影片。在這個能夠創造銷量的空間裡，直接做起生意，不可能沒有顧客上門。如今，「文井我中文」憑藉這種影片行銷的方式，持續創造極大的收益。你也應該在所有接觸得到顧客的空間裡，打造行銷模式，讓產品有機會被賣出。希望以上幾個案例能讓你體悟到，行銷空間裡應該讓顧客看見什麼。

3 客人不來怎麼辦？我們主動上門

空間不容易移動，所以，人移動到不同空間裡面，會是更容易的做法。

我家附近某商場的地下一樓有一間小菜專賣店，菜色看起來很普通，沒什麼賣相，吃起來卻很美味。某天，我路過的時候跟老闆說：「下次試著在商場外面賣賣看吧！」

後來老闆真的這麼做了。每天晚餐時段，他都在商場的一樓入口外面，以「四份小菜一萬韓元」的價格來販賣。因為攤位設在門口，任何人都會以為是促銷活動，而且路過的上班族、家庭主婦等主要顧客大多付了現金就走。一問老闆得知，兩小時下班時段內，總共賣出兩百四十份小菜，是以往一整天下來都賣不到的數量，如今卻在兩小時內就賣給了六十名顧客。現在，老闆每天傍晚都會在商場外面設攤販售。

我偶爾為了出差到南部，必須清晨就到首爾火車站。首爾火車站的二樓有一間甜甜圈專賣店「Dunkin' Donuts」，每到早晨上班時段，他們都會特別在一樓入口處販賣甜甜圈和咖啡，而且賣得很好，幾乎每幾秒就賣出一次。很少有趕著上班的人願意花力氣、花時間走到二樓買甜甜圈，但在一樓的話，花個幾秒、買一下甜甜圈並不困難。像這樣，業者應該積極開發空間，才能提高收益。

當駕駛在高速公路收費站前面排隊排很久，最後終於付完過路費時，會看到收費站旁邊有一間銷售電子收費系統終端機的商店，彷彿正在招手吸引現金付費的駕駛過去申辦。比起在租金昂貴的家電量販店裡設櫃，在收費站旁邊開店的促銷效果不是更明顯嗎？

如今，家電量販店也不會永遠停留在原地，等待顧客上門。樂天Hi-Mart或三星數位廣場等家電量販店，經常在新落成的住宅前方掛上廣告橫條，宣傳「慶祝新居落成之家電套裝特價活動」或「只給新住戶的專屬優惠」。此外，不只是等待客人來到賣場將家電產品買走，店員更要拿著產品主動推薦給顧客。另一個類似案例是，我曾經看到有人在女性停經專門醫院的前面擺地攤，販賣停經期的健康食品，結果生意非常好。

很多中餐館在發傳單的時候，會特別只發給剛搬來附近的住戶，因為剛搬家的人不清楚附近有哪些餐廳，而且行李整理到一半就出去吃飯也不方便，所以很自然會想到發給他們傳單的中餐館，並打電話去訂餐。這又是一個成功開發空間的案例。

很多上班族吃完午飯後，往往會拿著咖啡，走到大樓旁的吸菸區，邊抽菸邊聊天。這時，他們附近經常會出現一種人：販賣養樂多的阿姨，就像在告訴那些上班族「吃完午餐，與其習慣性卻無意義的喝著咖啡，不如喝杯對身體有益的乳酸菌飲料」。韓國養樂多公司深知地點的重要性，甚至因此開發一款應用程式，讓人隨時搜尋養樂多阿姨的所在地點。

主動接觸顧客的空間行銷策略

我替韓松教育公司的業務員提供銷售指導時，提出一個效果顯著的策略，就是到兒童才藝發表會現場進行客戶開發，因為在才藝發表會的期間，家長的心情都非常好，而且變得比較不理性，會想要毫無保留的花錢在孩子的身上。再加上，孩子在那種場合裡會赤裸裸的被比較，家長更不忍心看見自己的孩子比不上別人。如果這時業務員帶著兒童教育產品去推銷，將可收到最好的成效。

就算只是去發放傳單或學習單範本，也會比在別的日子向家長面對面推銷來得有效。此外，最近很多祖父母也會參加孫子的才藝發表會並展現出他們的財力，但目前多數兒童教育機構都忽略了這個場合。

全韓國的幼稚園超過八千家，只要打一通電話，就可以問到才藝發表會的地點與日期，而且任何人都可以進入場內，不需要特別在場外設攤行銷，只要在才藝發表會正式開始前，向場內觀眾發放宣傳單與教材樣品即可。幼稚園的才藝發表會大多在每年十二月到隔年二月之間舉行，而且不會彼此撞期，所以業務員有三個月的時間可以開發新客戶。這種場合至今依然沒什麼人開發，如果你從事教育業，試著去開發看看吧！

家居用品品牌「特百惠」（Tupperware）是我提供銷售指導的客戶之一，我偶爾會到它的總部，與銷售員見面並一起構思銷售策略。特百惠的訪問銷售結構為：訪問銷售員（等同隊員）的上面有經理（等同隊長），經理的上面有團隊領導人。這些銷售員的銷售能力非常驚人，經理的年銷售額達一千億韓元，團隊領導人則每人每月創造兩千萬韓元以上的業績。他們沒有固定的辦公室，銷售方式是「舉辦家庭派對」，但不是等待顧客上門，而是上門去找顧客，直接拜訪顧客的家。顧客會找來身邊認識的人，而且只需提供派對場地。接著，銷售員會在顧客的家中，利用特百惠用品示範料理、提供食譜等多樣資訊，藉此提升銷售業績。

這種方式由《商業週刊》（*Businessweek*）雜誌，首位女性封面人物布朗尼・懷絲（Brownie Wise）在一九四八年首創。她會在美國中產階級家庭主婦享受下午茶的時候做家庭拜訪，或者前往她們的社交派對現場，銷售特百惠的產品。這種銷售方法便成為今日的直銷模式。進行訪問銷售時，顧客對於產品的所有疑問都可以得到解答，顧客也能夠熟悉產品的使用方法及性能，並且製造口碑。而且，在住家這樣的空間裡銷售，顧客也比較不會有戒心與提出質疑，是一大優點。

韓國的銀行總共有十七家，包含一般商業銀行、國家銀行及地方銀行。保險公司方面，除了再保險公司之外，產物保險公司與人壽保險公司總共有四十一家，是銀行的兩倍多。但很長一段時間裡，保險公司的收益從未勝過銀行的收益，以二〇一一年為例，兩者之間就相差兩倍以上。

二〇一五年，保險公司的收益首度超越銀行，且差距逐漸增大。各界人士對此提出各式各樣的解釋，但我的想法很簡單：銀行只等待顧客上門，保險公司卻是主動尋找顧客，所以銀行應該很難再贏過保險公司，往後，保險公司的收益將持續高於銀行。就連釣魚的人都懂得移動到魚更多的地方，而不是停留在自己覺得舒適的地方，不是嗎？

近幾年在韓國，公車車體廣告越來越常見，公車會四處移動，等於可以到各地進行強力宣傳。如果某些地區的戶外廣告費用高昂，超出預算，例如人潮擁擠的江南地鐵站或弘大商圈，就可以利用公車來廣告。有時候，公車也可以停駐於廣告目標對象的現身地點，例如在公務員考試試場前方，停放一輛貼有公務員考試補習班廣告的公車，就能夠吸引路人的目光，創造出深刻的印象。

善用共享經濟

活用空間的共享經濟模式也是一個很好的方法。以共享店面為例，是將店面分享或出借給不同行業的業者，宛如兩家人同住在一個屋簷下。例如，酒吧通常傍晚才開店，想開餐廳的人可以不用另外找店面，只要以轉租或分租的方式租下酒吧店面，就可以直接在早上與中午時段營業。由於兩名業者共同負擔店面租金，所以對兩人而言都有利。

我的公司不以演講為業，但每次出書後都會接到很多演講邀約，所以剛出書的期間都會抱著兼宣傳新書的想法，勤跑企業演講。

上一本書剛出版的時候，我透過出版社接到一個演講邀約，地點為租金昂貴的江南區德

聽到他說話，我就想買！

黑蘭路某大樓裡。但我抵達後發現，裡面沒有演講廳，邀請我去演講的人向我遞出名片，上面寫著「專業演講公司」。原來，該公司一直免費使用其他公司的辦公室，而且是等到其他公司的人都下班之後，將晚上的空辦公室當作演講場地，其他公司的員工則不須繳交會費就能免費聽演講。只要將辦公室的某一面牆作為投影幕、放一臺小型擴音機、向聽者收取費用並支付講師費，剩下的費用就是該公司的收入。經營一間專業演講公司，卻不用支付任何場地費用，這樣的能力令人佩服。

4 利用主場策略，用氣勢壓制對方

只憑場所也可以分出高下。我的工作基本上都從協商開始，協商過程中會先談定諮詢費用，協商完成後再正式展開工作，因此協商是工作裡最重要的一環。企業前來洽詢業務的時候，都會先約定要召開一次產品會議，而對方的第一句話往往是「要約在哪裡呢？」你認為，正確做法是自己去拜訪客戶，還是讓客戶來找自己呢？除了特殊情況以外，都應該盡量讓客戶來找你。

不過，如果在客戶的公司裡，能更方便的體驗產品與取得相關資料，就應該去拜訪客戶，但除此之外，都應該**盡量讓對方進入你的地盤，畢竟這是一種氣勢上的對決**。通常去拜訪對方公司時，要先在一樓櫃臺押證件、填訪客資料、拿通行證，再刷證入內，最後一臉茫然的被帶到會議室，說聲「哎呀，真是謝謝你」，然後畢恭畢敬的接過一杯招待用的茶。這種情況下，自己才剛進去，氣勢就矮了對方一截。但如果讓對方來自己的公司，上述情況就會反過來。

我在我待的最後一家電視購物臺離職前的三年內，同時經營我的個人公司，且很快就接到企業委託的案子。要是可行，我都會請客戶到我所在的電視臺總部開會，因為客戶將走進一間大企業的總部大樓，經過兩道安檢，再刷通行證，走進一般人無法輕易進入的電視臺，屆時，客戶的氣勢大概都已經沒了。當他坐下來、不斷驚奇的看著藝人與模特兒從旁走過時，剛結束節目錄製的我再以錄影時的打扮匆匆上前、遞出名片，氣勢必定可以勝過對方。如果在那樣的氛圍下，請對方喝茶、吃蛋糕，同時展開協商的話，我總是可以掌握主動權，並得到我想要的待遇。在這段過程裡，「場所」發揮了很重要的作用。

接觸通路業多年以來，我認識了很多中間商。其中，我與某中間商合作了幾個產品的上市，所以與該公司老闆變得很熟，但他總是因為自己是委託方而頻頻點頭哈腰。我在我公司裡見到他時，他都是一副低聲下氣的樣子。然而，有一次換我去拜訪他公司時，從進門開始，我就驚訝的說不出話。他的公司非常大，而且位於最高層的董事長辦公室裡有好幾名祕書。當他——不，這位董事長現身時，我也不自覺快速站起來，像該公司的基層員工一樣，與在場的祕書們一起低頭示意。一瞬間，「場所」的力量讓情況完全逆轉過來。

基於這類原因，我的公司目前坐落於美國洛杉磯最近正當紅的威爾希爾大道（Wilshire Boulevard）中央路段上；韓國辦公室則位於首爾市鐘路區桂洞（北村）。在北村，只要沿著屋瓦石牆走，便會看見古色古香的傳統韓屋、美麗的韓服與正體驗穿韓服的外國人。很多第一次到訪的客戶都非常驚訝，而當客戶正猶豫要不要脫鞋進入辦公室時，大廳裡已經備有韓方茶，還能夠讓他們試穿韓服、拍紀念照。如果先讓對方穿上韓服再展開會議的話，我方都能奪得會議主導權，從無例外。

所以，如果你有自己的公司，會議地點不要選嘈雜、混亂的咖啡廳，應該讓對方進入你的地盤；即使沒有高級進口車，也應該在可負擔的範圍之內，盡可能投資你的辦公室；足球隊在自家主場比賽的時候，往往可以繳出更好的成績；就連街上的流浪貓，也懂得利用自己地盤的優勢。

本章重點

承辦客戶委託的活動時，最重要的事項之一就是選定攤位地點。活動開始前，客戶都會先到攤位現場再確認一次，理由也在於此。曾經有客戶一看到攤位的地點就不禁嘆了一口氣，而那心中不好的預感後來也果然應驗了。

有論文研究指出，消費者的購買意願會受到場所的影響，甚至說話的方式也會改變。所以，百貨公司的生意好壞都取決於商品的陳列方式。

也有實驗結果顯示，即便是相同的商品，消費者在不同的地方看到、對商品產生不同的認知，也會呈現極為不同的購買率；如果是在複雜而紊亂的場所，消費者會猶豫是否要購買，言語風格也會比較激烈；如果是在燈光與裝潢都舒適且恰當的場所，消費者的言語風格會比較柔和，消費金額也比較高。

由於空間上的投資直接牽涉到金錢上的花費，我不會一味的呼籲各位無條件花錢。但是，使用符合空間的語言，並不需要花錢。我希望你能像搬家時煩惱家具該如何擺設一樣，以建設性的思維，去設想符合你目標空間的語言。

場所一旦改變，語言就會改變；語言一旦改變，想法就會改變；想法一旦改變，態度就會改變。這裡指的，就是顧客的消費態度。

第 4 章

眼見為憑，再誇張的產品都會有人信

1 譬喻、舉例，讓顧客腦海有畫面

一九八六年，韓國電視臺播出美國電視劇《馬蓋先》（*MacGyver*），大街小巷都為之瘋狂，因為主角擁有絕佳的判斷力與爆發力，懂得善用身邊的事物及情況，度過重重危機。憑一張口香糖包裝紙，就能使故障的機器重新運轉起來；用區區的糖果，就能做出炸彈，擊敗對手，與全靠槍砲彈藥的電影《藍波》（*Rambo*）或《魔鬼司令》（*Commando*）屬於完全不同的層次。

我時常與人協商或上臺發表簡報，但過程中總會面臨預料之外的變數。這時，我都會利用周遭的事物或情況隨機應變，經常能獲得意想不到的好結果。在此，我將介紹利用事物展示法的「事物性語言」。事物展示法指的是**直接展示實體事物或以事物為喻，說服對方**。

「媽媽，斑馬是什麼？」當孩子這樣問的時候，最好的解答方法就是直接帶他到動物園看斑馬。就像在餐廳裡，有食物照片的菜單比只有文字敘述的菜單，更能讓顧客輕鬆理解與點餐。將你所要展示的事物直接展示出來，或以周遭常見的事物為例，或代入類似情況、將事情化繁為簡，都是事物展示法的其中一種。

展示實物的優點是，因為以實物為例，可以輕易讓對方理解與產生實體感，而且就算事先沒準備好，當對方看見你能即興運用周遭的事物，你的臨機應變能力與爆發力也將被凸顯出來。

以下是**事物展示法的運用守則**：

1. **將協商或簡報地點周遭的情況，與事物作為對話的媒介。**
2. **如果身邊沒有你可以利用的事物，就利用當天的社會議題、新聞、天氣等；再沒有的話，就想辦法舉例子，讓對方的腦海中產生畫面。**

比喻，能讓價值觀不同的人一聽就懂

這是近幾年發生在美國的事情。

我曾在美國洛杉磯為客戶進行演講與提供銷售諮詢。客戶是美國的「希望銀行」（Bank of Hope），由BBCN銀行及威爾希爾銀行（Wilshire Bank）合併而成，被《富比世》（*Forbes*）雜誌評選為全美第二十一大銀行。第一次見面時，主要是為這家銀行提供行銷諮詢。由於客戶的公司離我位於威爾希爾大道上的公司並不遠，所以有一段時間內，我都先到客戶的公司工作，結束後再走回我的公司。

與客戶合作的期間，因為詳細審視其內部經營狀況，所以我清楚看出他們面臨的問題。

他們最大的問題不是與顧客之間的關係，而是公司內部成員之間的不和諧。

第一代成員（成年後移民美國的韓裔人士）依然保有一九八〇年代韓國人的思維，所以偏保守與頑固；第一・五代成員（幼時隨父母移民美國的韓裔人士）保有韓國人的外表，但擁有美國人的思維；第二代成員（出生於美國的韓裔人士）則從頭到腳都是美國人。由於該銀行是由兩間韓裔銀行合併而成，兩種不同公司文化碰撞在一起，導致成員之間無法順利磨合。此外，他們近期也開始僱用許多美國本地人，於是公司成員同時包含土生土長的韓國人、在美國長大的韓國人、土生土長的美國人，使成員間的內部溝通出現問題。

看出問題所在後，第二次見面時，我便進行簡報與課程。這間銀行的所有分行長紛紛從全美各地搭機過來聽我的課。

所有分行長與總公司員工都在場，課程中，除了演講，也會有問答與討論（不像韓國的演講通常是單向灌輸式的演講，美國的演講通常是講師與聽眾之間進行積極的互動與交流）。我問：「假設你是組織領導者，但組織內部有一名員工無法與團隊磨合，那麼，你會發揮人事權、將他剔除，還是會讓他留下、繼續並肩作戰？」接著，我請臺下的人以事物為例，輔助說明自己的理由。下面，我將介紹當時教給他們的事物展示法。

首先，有人贊同了後者的做法——讓問題員工繼續留下。因為是訓練課程，我也加入了討論。

臺下第一個發言的員工先展現出開朗的笑容，接著說：「人類笑的時候，就算只是一個簡單的微笑，也需要三十八條肌肉共同合作才能呈現出一個開朗的笑容。如果少用了任何一條肌肉，就會變成這樣。」

說完，他抬起一邊嘴角、試著微笑，並回答：「光是少了一條肌肉，就會變成像Nike logo一樣的微笑（只有一邊嘴角抬高的譏笑）。如果因為笑容不合心意，每次都排除某條肌肉不用的話，最後哪一條肌肉也無法運用，什麼笑容都笑不出來。同樣道理，所有員工同心協力的時候，公司才笑得出來；如果每次有問題的時候都要拋棄一名員工的話，最後只會變成一張面無表情的臉而已。」這名員工以「人的臉部表情」為喻，透過事物性語言來說服在場其他人。

第二個員工則以拼圖為例：「拼圖少了其中一片的時候，不管是一百片的，還是一千片的，你會看到整幅畫，還是少一片的那個缺口。同樣道理，如果因為合不來就輕易拋棄員工，少掉的那一個空位會比想像中的還要大。」

第三個員工拿出一張動物正在狩獵的照片，說：「輕易就解僱員工是非常動物性的做法，等於把公司變成原始叢林。動物世界依照叢林法則運作，唯有適者才能生存，需要的人才會被留下。如果因為認為員工沒有效用、能力弱就將他剔除，我們會變得與動物之間沒有兩樣。」

這些話，每一句都很有道理。如果你是掌握人事權的領導者，聽到這些以事物為喻的事物性語言，對於問題員工的怒氣大概很快就會緩和下來。

現在，來聽聽認為應該把製造不愉快的員工裁掉或轉調部門的主張：「逛量販店、推推車的時候，偶爾會推到四個輪子裡有一個輪子不太聽話的那種推車。我想去肉類區，它偏偏往海鮮區。光是一輛故障的推車就可以讓人的行動變得困難、綁手綁腳。那麼，組織裡面如果有一個不合群的員工，整個組織的方向都會走錯。」

另一個人拿著一根螺絲釘，說：「二〇一一年，韓國發生了京釜線高鐵脫軌的事故，起因是一根螺絲釘。一根小小的螺絲釘，就能讓那麼大的高鐵列車發生問題。一九八六年，美國太空梭挑戰者號同樣是因為一個零件的故障，在空中爆炸解體，機上太空人全數罹難。連一艘執行宇宙任務的太空梭，也會因為一個小零件而發生問題。當全公司上下都應該齊心協力、向前邁進的時候，一根小螺絲釘般的一名員工卻可能拖累整個群體。所以，應該捨棄他才對。」

「考國家考試的時候，就算其他每一科都滿分，只要有一科不及格，最終結果都是落榜。只要有一個人無法達到標準，整個組織就可能垮臺。」

像這樣，以周遭能夠應用的簡單事物為例，拿實物示範，或者以事物做比喻，都是可行的做法。

生動的描述，讓顧客感受到買長照險的必要性

來聽聽保險市場的案例。保險業務員與顧客見面的地點不外乎住家、辦公室或咖啡廳。試著觀察周遭，放著的物品、顧客的穿著、社會議題、天氣、氛圍……這些都可以成為對話的媒介。藉由這些事物來發展對話，即事物展示法。

有一種保險叫「長照險」。當人的年紀大了，因為一些原因而無法自理生活，必須聘請看護的時候，長照險可以提供費用上的補助。這種保險為何必須買？

我為某保險公司提供銷售訓練時，便曾經以實物示範。我要求受訓者兩兩一組，並幫隔壁的人揉肩膀。一開始，大家都很賣力，但很快就顯露出無趣或疲憊的樣子。我請所有人繼續動作，於是大家似乎又提起勁，但一分鐘之內又變得心不在焉或者慢下來。

我便說：「如果你的家人這樣幫你揉肩膀的話，你馬上就會說『哇！好舒服！』如果他繼續揉下去呢？沒有人會像我一樣要求別人繼續揉，都會跟對方表示可以停了。為什麼？因為你會覺得不好意思。各位要知道，如果從某一天開始，你沒有能力進食、穿衣服、上廁所，連日常生活都變得困難的話，你就要一直麻煩家人做那些讓你感到不好意思的事，麻煩他們一輩子。但如果你買了長照險，你就可以放心聘請看護來照顧你。」

像這樣，適當利用事物展示法，再接著說明，就是在運用事物性語言。

我為保險公司製作的直販影片，至今幾乎沒有一個是不成功的。也就是說，影片是可

以提升銷量的。這其中的原因並不是因為我廣告腳本寫得好，而是因為我運用事物性語言，以實物示範。假設有一個癌症險商品，全韓國最大保險公司再怎麼說破嘴，也贏不過我的影片，因為我的影片直接讓觀眾看到切開腹部、從胃裡取出腫瘤的手術畫面，使觀眾都會震驚得立刻去買癌症險。不過，事物展示法不能在展示完成後就馬上結束，還需要一個具有起承轉合的腳本來支撐。

在癌症險的影片裡，我手拿一張Ａ４紙並說：「各位都曾經被這樣的一張紙割到手，對吧？還記得被割到的那一瞬間，全身都慌得發抖的那種疼痛感嗎？痛到起雞皮疙瘩，連毛髮都豎起來了。其實，被割到的傷口也不過才幾毫米而已，對吧！可是，如果你罹患瀰漫型胃癌的話，哪怕只是第一期而已，醫生也必須拿比這張紙還要利的手術刀，深深刺進你的食道（瀰漫型胃癌第一期就必須全胃切除），接著換腸道的那一側，再刺進去，慢慢往下切。

「你的肚子會像切西瓜一樣的被切開，然後，醫生再伸手進去，將你的胃取出來，並用手術剪刀修剪你的食道與腸道，最後縫合。手術之後會有多痛呢？但更大的痛苦是，這一輩子都只能吃粥了！」說完之後，再呈現出與以上敘述相關的所有手術過程影片。

如果你是保險業務員，但使用不了這種直販影片的話，就算只有一張給顧客填寫用的表單，也可以利用周遭事物，以實物示範。如同上面的例子，重點在於提供具體描述，讓顧客的腦海中跟著產生畫面。

我為某保險公司制定癌症險的銷售策略時，決定將重點放在大腸癌的風險上，而且只需要一瓶礦泉水就能夠辦到。業務員先一邊跟顧客攀談，一邊將一瓶五百毫升的礦泉水遞給顧客；不久後，向顧客借那瓶水，一邊搖晃水瓶，製造水花的聲音，一邊說：「兩瓶這種礦泉水加起來的重量，大約是目前您的大腸裡面所有細菌的總重量。人的腸道總長度達九公尺，裡面的好菌與壞菌的比例大約為八五%比一五%。也就是說，壞菌的數量相當於從這裡倒出一杯水的分量那麼多。

這些壞菌會不斷攻擊腸道，導致息肉增生。韓國人的大腸息肉大多是與大腸癌有直接關係的腺瘤性息肉，而且很遺憾的是，我們每兩個人之中就有一個人有腺瘤性息肉。韓國人有大腸息肉的比例達五〇%，所以等於每兩人就有一人的肚子裡帶著大腸癌的種子，甚至是定時炸彈。事實上，定時炸彈不會親切的幫你倒數計時，你永遠不知道它什麼時候會爆炸。

「東方人的體質天生不適合以肉類為主的飲食方式。但近幾年，我們都吃太多肉了。肉類比蔬菜和水果更不好消化、更難排出，會留在腸道內很長一段時間，在裡面腐敗、釋出有毒物質去攻擊大腸黏膜，使細胞不正常增生，形成息肉、腫瘤，最後演變成大腸癌。

「您的大腸目前健康嗎？因為大腸癌透過抽血檢查、腹部X光、超音波來診斷的成效很有限，所以都會建議做大腸內視鏡檢查。接受大腸內視鏡檢查並不容易，每次都要先喝下兩公升的清腸藥，並且讓內視鏡從肛門進入。您有定期每一到兩年就做一次大腸內視鏡檢查嗎？我公司有一名年輕員工，每次做大腸內視鏡檢查都會檢查出腫瘤，目前已經用圈型電刀切除八個了。現在您的腸道裡面狀況到底如何，您絕對不清楚。」

通常，這樣對顧客談大腸癌之後，會出現很有趣的現象。顧客原本喝那瓶礦泉水喝得好好的，但我提到腸道壞菌以後，顧客就不再喝水了，彷彿他喝水就等於喝進自己肚子裡的細菌一樣。這就是事物展示法的力量。

有一種提供兩大疾病（腦部疾病、心臟疾病）相關保障的保險商品。為何必須買這種保險？人會不會某天走在路上突然頭痛欲裂、心臟絞痛、「呃」一聲就暈倒？如果你遇到有人認為那不無可能，他就是很好的潛在顧客，當場遞給他一張投保單即可。但是，很少人真的認為腦血管或心血管會突然塞住並導致人立刻暈倒。

那麼，就請你在對方的腦海中描繪出一幅景象：「您拔罐過嗎？如果現在在您的肩膀上拔罐、放血的話，您認為，會看到清澈、淡紅色的血，還是會看到像動物血一樣濃稠、深紅色的血塊呢？」多數人都會回答後者，等於承認自己肩頸的血液循環不佳、經常僵硬或痠痛。「那麼，您怎麼沒想到腦血管與心血管也可能血液循環不佳呢？」像這樣，悄悄在對方的腦海裡，把大腦與心臟的圖像代換為肩膀，再以拔罐為例子，讓對方更快理解。

同樣的，為何一定要吃Omega-3魚油呢？如下所示，你可以藉別的事物為例，運用事物性語言：「血液不僅輸送氧氣與營養，也會輸送代謝所產生的老廢物質（中性脂肪等）。但輸送過程中，老廢物質可能像口香糖一樣，黏在血管壁上。我們就算一天刷牙三次以上，還是可能產生牙結石；更何況是血管，我們一輩子都不會清潔血管壁，它又怎麼可能不藏汙納垢？所以有人說，二十歲的血管阻塞二〇％；四十歲的血管阻塞四〇％；六十歲的血管阻塞六〇%。

「春季大掃除的時候，如果用手去摸紗窗，手上都會沾得黑黑的。空氣看似清澈，卻還是會隱藏灰塵在其中。洗衣機裡會有皂垢；洗碗槽裡會有食物殘渣。甚至，在加溼器裡注入過濾後的水，也還是會產生水垢。千萬不可以忘記，我們的血液裡也會累積汙垢。Omega-3可以清除血管壁上的垃圾，改善血液循環，請一定要吃。」

以上就是利用口香糖、紗窗、洗碗槽、加溼器等生活中的常見事物，所展現出的事物性語言。

最近幫客戶製作的Omega-3直販影片，同樣也運用了事物展示法。影片裡，我走進了一個跟人一樣大的血管模型內部，然後一邊取下血管壁上的油垢，一邊講解血管會因為油垢累積而越變越窄的道理。目前，該影片在直銷網站上正發揮出很好的宣傳效果。

提高應變能力

事物展示法除了能讓對方深刻體會、有臨場感以外，也會讓你顯得像是看著周遭事物時突然神來一筆，而使對方認為，你即使在準備不充分的情況下，依然可以靈活應對，且語言能力卓越。

我年輕時經常幫助那些希望進入電視臺工作的學生，準備面試的口試內容，在學生之間頗受歡迎。我會先錄下我示範的內容，學生再直接仿照，許多學生因此順利考進了電視臺。多數學生都會像鸚鵡一樣照唸我事先準備的內容，但我還另外準備了不同面試時段用的即興用句，分為上午面試用、下午面試用，讓學生表現得像臨場應變一樣。

我目前仍在電視臺任職的其中一個學生是以此方法錄取。我要求學生在面試的前一天先去拜訪將要面試的公司。通常，公司洗手間的小便斗上方都會貼有勵志格言或名言，所以我都請學生在面試前一天先去觀察裡面有寫哪些句子。面試官不也都會去洗手間嗎？這個策略的目的，就是要學生在面試時用面試官熟悉的句子來開頭，在自我介紹時運用事物性語言。

「面試之前我去了一下洗手間，看到便斗上面寫著『本週實踐目標：正直』，讓我很有共鳴。德國有句俗諺說，『正直是最令人心安的枕頭』，這也是我的人生理念。面對任何情況，我都不會輕易妥協，我會秉持一顆正直的心，做好所有節目。」

最後，他以最高分錄取。關鍵就在於他沒有表現得像隻死板背稿的鸚鵡，而是表現得宛如臨場反應，並且厚臉皮、充滿自信的說出事先準備好的句子。

2 表演的戲劇張力，對方會更有反應

馴狗師姜亨旭訓練小狗時，很神奇的，小狗都會服從他；但我對我家小狗做相同動作，小狗卻從來不聽話。我曾經在節目裡看著國際奧林匹克廚藝大賽的金牌得主具本吉做菜，他做的料理，視覺上看起來都很漂亮；但我回家依照相同步驟做一次，做出來的料理卻一塌糊塗。造成這種差異的原因在於「表演力」不同，具本吉因為長期累積大量經驗、不斷反覆操作，所以熟練度很高。

表演力可以幫銷售話術加分

我曾經看過特百惠的經理在料理教室舉辦家庭派對，他們料理的手法實在是藝術，讓人看了就有購物衝動。那樣的表演力，本身就具有說服力。表演越熟練，觀眾的購物慾就越高。有資料指出，觀眾收看電視購物臺時，相較於主持人的形象或口才，主持人的表演力更能夠刺激觀眾的購買慾。

因為在顧客的眼前表演，所以顧客很快就有所回應。要擁有表演力，並不需要特定技術

或方法，其實不困難。

下面是我為時裝業者提供銷售訓練時，為他們想出的一個很簡易的表演式展示的例子。

有一次，我為某機能性運動鞋品牌提供銷售訓練。通常，我為客戶準備的話術手冊都寫滿很詳細的模擬銷售對話，但該運動鞋品牌的話術手冊裡面不需要寫那麼多內容，因為我幫他們制定的是「不靠說話，是靠行動來展示」的策略。

首先，帶顧客到賣場裡的一大片全身鏡前方；接著，請顧客閉上雙眼，靜靜等待一分鐘；一分鐘後，請顧客睜開眼睛，看一看鏡中的自己。這時，每十人之中會有九人的肩膀某側偏高，或者頭歪向一邊、兩腿不一樣長、全身歪斜等，而顧客將親眼看見自己的身體是如何歪斜。

接下來，就開始對顧客說：「您看見了嗎？就算只是靜靜站著，您的身體也無法平衡。身體會不平衡，都是腳引起的。人的腳是由二十六塊骨頭、三十三個關節、兩百一十四條韌帶、三十八條肌肉、二十五萬條汗腺與神經所組成，您應該穿一雙具有機能性、能夠緊緊支撐住這些組織的鞋子。腳的狀態可分為四種：無動作狀態、承受全身重量的狀態、運動中的狀態、發燒狀態。」

「只有躺著的時候，腳才會處於休息中的無動作狀態。光是穿上鞋子走一公尺，腳就會承受十六噸的重量。平均下來，腳每天都會承受三百噸的荷重，非常勞累。腳是支撐身體的最重要部位，卻最常被忽略。能夠保護腳的東西，就是鞋子。很多人以為腳痛是因為走路姿勢不正確；事實上，走路姿勢不正確、變奇怪，是因為鞋子不好穿。穿好鞋子，走路姿勢才能正確，不讓身體受傷。

「您必須記住，最重要的一點是，踏在路上的不是鞋子，而是您的雙腳。目前您的身體歪向右邊，我不看您的鞋底就知道，右邊鞋底已經磨損了。反過來說，只要看鞋子磨損的狀況，就可以知道您身體向哪一邊歪斜。一雙不好的鞋子，會讓您的身體一直不平衡；一雙對的鞋子，是腰部健康的基礎。只要穿對鞋子，就可以發揮矯正體型的效果。現在請您穿上一雙合您雙腳的機能性運動鞋，再重新站到鏡子前面。您會看到，自己站得非常端正。」

這麼一說，顧客十之八九都會決定買下那雙鞋。光是讓路過的顧客站到鏡子前面，你就獲得八成勝率了。最近還出現另一種更進步的方法，一樣先請顧客站到鏡子前方，接著請他閉上雙眼、大幅度原地踏步五十步；完成後，請顧客睜開眼睛，他一定明顯偏離原來的位置。如果是向前偏離，代表他駝背、下腹凸出、有O型腿，而且鞋後跟有磨損；如果是向左偏離，代表他的左邊肩膀與骨盆較低，經常將包包背在右肩，而且上衣領口容易往左偏；如果是向右偏離，情況則與左偏的方向相反。

如果是向後偏離，代表他的鞋子內側有磨損且向內傾斜，有可能是扁平足。只要告訴顧客這些話，顧客立刻就會對機能性運動鞋產生興趣。這一切都是「展示」的力量。

購買冬季羽絨外套時，最大的煩惱往往是不知道應該選什麼顏色。很多人內心都希望穿白色，最後買的卻是黑色。白色羽絨外套的確很漂亮，但問題是，父母總會為此與子女展開爭執。子女會一直吵著要穿白色的，父母則認為白色容易髒、孩子不可理喻，而堅持買黑色的，最後，兩方吵著吵著，什麼也沒買。

如果你是店員，你應該站在哪一邊？如果你認為應該聽父母的話，你的功力就太淺了。這種時候，正確做法應該是站在子女那一邊，推薦父母買白色羽絨外套。小孩都很固執，如果要他穿上他不想穿的衣服，他絕對不會妥協，小孩如果氣得離開，身為金主的父母也會跟著離開，而你的業績也會一起離開。

這時要運用的事物展示法很簡單，只要將一點點灰塵抹在黑色羽絨外套上就行了，因為白色的灰塵在黑色的衣服上非常明顯。「您看，黑色外套也很容易沾上一點髒東西就變得很明顯。」說完，小孩馬上就會變得得意洋洋，父母則不得不認輸。

以上兩個案例指出，只要運用很簡單的事物展示法，讓顧客站到鏡子前面，或者把灰塵沾到衣服上，就可以說服顧客。比起只用言語說明，當你加上表演式的事物展示時，效果立刻加倍。

我曾經為某教育機構的直銷業務員提供銷售訓練，了解到父母經常煩惱：「學這個，成績也不會進步，都跟以前一樣，沒什麼變。」

這一句話，等於為後面這句話鋪陳：「寫習作也沒有幫助，我看先暫停吧！」這樣的話是業務員最害怕聽到的。我建議業務員反問家長：「孩子要累積多少次經驗，才能了解一個東西呢？」接著，在白紙上，從「一」開始，依序寫出數字，最後寫出「……一千」。

「看著我從一寫到一千，您是不是覺得很焦躁呢？我也很希望這個世界上有靈丹妙藥可以讓人一步登天。但小孩開始對周遭產生好奇與認識這個世界的時候，他必須累積一千次以上的經驗，才能認識與記得一個東西，最後理解它，所以，千萬不要著急。十七個月大以前的小孩只懂得用五十個詞；等到二十個月大，才能夠用上一百個詞，一般人都是這樣的。但在二十四個月大到三十六個月大之間，將快速增為十倍，懂得用一千個詞。

「從此之後，每天學會的詞彙量都不同。高速公路正在蓋的時候雖然讓人感覺進度很緩慢，但一旦通車了，車輛就可以在上面快速奔馳。孩子現在不也正在打造知識的高速公路嗎？就請您跟著我一起再耐心等等吧！」

像這樣，簡單的在紙上寫一些數字，再用後面這段話來結尾，就可以安撫那些心急的媽媽們。

用道具說服顧客

我曾經為韓國如新公司的健康食品品牌「華茂」制定銷售話術。其中，銷售葡萄糖胺食品時，有一個絕佳的方法。只要運用這個方法，每個人都會掏錢購買。葡萄糖胺食品的主要客群為六十歲以上女性，過去，銷售員都是這樣說服她們的：「葡萄糖胺是軟骨的主要成分，體內有越多葡萄糖胺，軟骨越強韌，而且有助於降低罹患骨質疏鬆症的機率、改善關節機能。」只會講這類基本道理。

但我的方法很簡單。先準備一個已經磨掉一半的橡皮擦，接著在顧客面前，拿橡皮擦在地板上劃，再運用事物性語言說：「橡皮擦會越用越磨損，軟骨也一樣。軟骨像在骨頭與骨頭之間的緩衝泡綿，軟骨一旦磨損殆盡，骨頭之間將會直接摩擦彼此，導致骨頭疼痛。

「軟骨是有年限的。通常，二十五歲以後增加的體重都是多餘的體重，體重每增加一公斤，膝蓋的軟骨就要多承受十公斤的荷重。也就是說，二十五歲以後，體重光是增加五公斤，膝蓋的軟骨就要多承受五十公斤的荷重。這就像我用多了好幾倍的力量、更大力壓這塊橡皮擦的時候，會讓它更快耗損。但是，葡萄糖胺可以修復軟骨耗損的部分。」

這一段話，就讓葡萄糖胺食品的銷量明顯提升。

我為其他健康食品品牌製作直販影片時，也使用了這種方法。在銷售奶薊食品的影片裡，我指著一塊烤熟的肉，一邊說：「肉一旦烤熟了，就變不回生肉了。同樣的，肝一旦受傷，就變不回原本健康的肝了。」

最近，抬頭顯示器（Head-up Display，將汽車儀表板資訊投影在擋風玻璃上）的市場逐漸擴大。假設你是汽車經銷商，想要引導顧客加購抬頭顯示器。但顧客表示：「反正儀表板都會顯示出來。如果擋風玻璃上面到處都出現數字，搞得很混亂，反而會妨礙駕駛。而且，已經有導航了，我也沒看過儀表板幾次，所以不重要。」也就是說，顧客會質疑額外付錢加裝抬頭顯示器的必要性。

這時，你要如何說服顧客？只要運用簡單的事物展示法，就能夠讓顧客打消上述念頭。方法是，在顧客駕駛試乘車時，以紙張遮住儀表板。雖然我們開車的時候似乎很少看儀表板，但如果儀表板被紙張遮住的話，駕駛絕對開不了車。你將看到，試駕中的顧客會變得不安，且不敢開得更快。這時，你只要說：

「當開到時速一百公里時，就算只是花一秒的時間看一眼儀表板、不看前方路況，車子也會在一秒之內前進三十公尺。駕駛每次看儀表板，車子都會在無人照看的情況下向前奔馳數十、數百公尺。抬頭顯示器不是可有可無的設備，而是必備。」

如上，你不需要對於事物展示法抱持太大的壓力、不需要準備很大的物品、也沒有繁複的祕訣，你只要翻轉顧客既有的觀念，讓顧客印象深刻就行了。

我為某床墊業者提供銷售訓練時，也教給他們一種事物展示法，不需要去學像飯店人員把棉被摺得整整齊齊的那種技巧，只要準備兩個利樂包裝的牛奶，在顧客靠近的時候，將兩瓶牛奶搖一搖，說：「盛夏的時候，一個晚上的流汗量就有三百到四百毫升。也就是說，每天晚上光是自己一個人就倒了兩瓶牛奶在床墊上。所以，床可以說是最不衛生的地方。床的使用壽命，關鍵就在於抗菌能力。」接著，開始談抗菌能力，並且拿高爾夫球來展示：「選購床墊時，一定要先試躺看看。假如床墊下有一顆這樣的高爾夫球，你的背部一定會不舒服，那還睡得著嗎？」

接著，將高爾夫球放到床墊下，並請顧客試躺看看。結果，意外的是，顧客並不會感受到任何不適。

「目前，到這裡為止，其他床墊也做得到。但是，這個床墊不同的地方在這裡。」一邊說，一邊拿出一顆比高爾夫球更大更硬的棒球，放到床墊下，並請顧客再試躺看看。這時，顧客會半信半疑的試躺，但一樣不會有任何硬物感。這麼一來，床墊就會顯得格外特別。

但是，如果你要銷售的是摸不到也看不見、無法藉事物將其形象化的無形產品，你要如何應用事物展示法？

下面就以無形產品的代表——保險商品為例。如果要針對保險商品進行事物展示，必須受傷或生病，但那並不容易做到。當然，能夠親自示範是最好的。

以前，有一名購物臺女主持人因為腿部骨折，打著石膏去上班。幾乎所有人都擔心「行不通、太可憐了」，唯獨保險業務部人員眼睛一亮並露出意味深長的微笑。很快的，該名女主持人就被邀請以打著石膏的樣子上節目，談有關傷害事故保險的親身經驗。結果，幾乎所有的保險銷售節目都邀請她去，因為節目人員深知「展示」的威力有多大。下面，我將介紹不用打石膏也能輕易做到、且經過驗證的幾項事物展示法。

首先介紹銷售牙齒險的方法。業務員通常都很老套的開頭道：「年紀越大，牙齒就越脆弱……。」但我教的事物展示法不一樣。業務員與顧客對話的場所不外乎住家、辦公室或咖啡廳，無論在哪，兩人面前一定都會放有咖啡或茶。

和顧客談牙齒險時，找個適當的時機，請顧客打開手掌後，在上面滴一滴咖啡或茶，說道：「假設這一滴是您的口水，每一滴口水都含有七百種細菌，總共一億隻。裡面包含了入侵體內後會造成細菌感染的牙周致病菌、口腔致病菌，以及無氧狀態下也能增殖、毒性很強的蟲齒菌。現在，您可以把它喝下去了。」並請顧客喝下他手上那一滴咖啡或茶。

目前為止，我從沒看過有人聽完那段話後還把那一滴喝下去。

「我想，沒有人會那樣做，對吧！但是，您每天早上都這麼做，不是嗎？早上是口中細菌最多的時候，因為晚上睡覺時的口水分泌減少、自淨作用減少，所以早上乾燥的口腔裡會充滿數十億隻細菌。您早上起床後，喝一口水，就把那些細菌都吞下肚了，不是嗎？那些細菌會直接入侵您的腸胃、擴散到全身，引起發炎。

「如果牙齦出血，代表血管的門戶大開，細菌就會從血管擴散到全身各處，侵入肺、肝、心臟、大腦，感染與傷害所有的器官。如果有牙齦疾病，腦梗塞、糖尿病的風險就會飆升為兩倍；如果有牙周疾病，男性容易有勃起功能障礙，女性則容易罹患骨質疏鬆症。實際上，有人曾在膝蓋的關節液中發現口腔細菌，甚至懷孕女性腹中的胎兒身上也發現到，代表負面影響遠及胎兒。」

接下來，只要讓顧客觀看我的公司所製作的直販影片即可。影片裡，會出現老虎正在死去的畫面：「您知道這隻老虎為什麼死掉嗎？不是因為牠年老、沒有力氣，是因為牠咬不動自己捕獲的獵物。」接著，讓觀眾看一張骨頭裸露於皮膚外的照片。

「人的身上只有一處骨頭是裸露於皮膚外的，那就是牙齒。所以，我們應該如何更珍

3 前後比較的實驗，大家都信了

消費者很信賴實驗。整形外科、皮膚科一定要讓消費者看見「before & after」（前後比較圖）；區區一個基礎保養品也要以圖表與照片證明產品經過某大學臨床實驗，顧客才會願意購買。沒有任何事情比「實驗」更會被消費者以理性檢視，即使所謂的實驗並不客觀。

親眼看見，才能安心

美容美髮的示範模特兒，多少都會因為燈光及化妝效果而呈現出不同的樣貌。我為進軍穆斯林市場的某化妝品製作直販影片時，也讓觀眾看到攝影棚裡的特殊化妝與拍攝效果所造成的差異。

另外，有一件事是現在的我才能說的，那就是「不要相信購物臺的平底鍋測試」。購物臺主持人通常會先用乾抹布擦乾平底鍋，接著不加一滴油就打蛋下去，然後，觀眾會看到荷包蛋在平底鍋上輕易滑動，就像在溜冰場上一樣。

但事實上，那條乾抹布其實澈底沾過食用油。由此可見，只要操作實驗的變因與條件，實驗結果就可能全然改變，所以，不要無條件相信實驗結果。但即便如此，很多顧客依然會被實驗說服，因為他們的內心深處會自我安慰道「我很理性」。所以，運用實驗手法的銷售策略總是能夠獲得成功。

為了開拓穆斯林市場，韓國朴槿惠政府扶植了清真產業，由於政府已經預先鋪路並指出經濟發展的方向，韓國企業所要做的就是盡力去賺外幣。作為相關政策的一環，二〇一六年八月第三週，韓國國際會議暨展示中心舉行了清真產業展，世界各國的穆斯林市場買家紛紛前來開發韓國清真產品。

當時，我負責三個業者的產品銷售工作，化妝品為其中之一。從產品概念、容器製作、設計、攝影、宣傳影片、活動舉辦到談判協商，我的公司負責了所有的流程，就像一間提供全方位行銷諮詢服務與解決方案的公司。要展示給買家看的直販影片裡，包含了一個實驗。

由於是一款標榜萃取五種莓果成分的維他命化妝品，所以影片裡進行了以下實驗：分別在兩個盤子裡盛水，並將兩個鋼釘分別放進去。過了一段時間後，其中一個盤子的水蒸發了，鋼釘生鏽，所以盤子底部會有生鏽的痕跡；但另一邊的盤子裡面滴了幾滴維他命化妝品的萃取原液，即使過了相同一段時間，鋼釘與盤子底部都未生鏽。

接著，就以英文說明：「為何會出現這種差異？因為維他命具有強力的抗氧化作用。人的皮膚因為接觸活性氧，隨時都在氧化。與事物不同的是，人所經歷的氧化作用被稱為『老化』。但是，如果將這款維他命原液塗抹在皮膚上，就可以防止氧化——皮膚的老化。現在，您的皮膚也不斷在生鏽當中，但這款萃取自五種天然莓果的維他命化妝品能夠為您的皮膚加上保護膜。」雖然難以提出具體數據，但這款產品至今仍不斷接到訂單。

德國廚房用品品牌「喜莉」（Silit）的鍋子，外面鍍了「希拉鋼」（Silargan）這種陶瓷原料，而他們透過實驗向消費者展示，鍋子原料的不同會如何影響細菌的繁殖。

實驗內容為將食物放置於三種不同的鍋子裡，經過相同的一段時間後，分別檢測鍋子裡的細菌。結果，外鍍PET的鍋子裡有五萬隻細菌；鋁製鍋子裡有三萬五千隻細菌；不鏽鋼鍋子裡有兩萬隻細菌；外鍍希拉鋼的鍋子裡則只有六百五十隻細菌。此外，他們也實驗了，在自家鍋子與他牌鍋子裡都打蛋下去，於半個月後確認鍋子裡的變化。

結果，他牌鍋子裡的蛋已經完全腐敗，但自家鍋子裡的蛋卻相對完好。喜莉讓消費者看見這些實驗裡的不同結果，並且說明之所以產生這樣的不同，是因為材質本身抑制了細菌的成長與繁殖；有些人不會餐餐都從頭開始煮，而是會一次煮一大鍋、分好幾餐吃，所以，使用讓細菌難以在裡面繁殖的鍋子，對家中衛生與家人健康都很重要。

比起純粹運用文字，直接展現出實驗結果，效果會好上許多。但要做展示，不是非得使用數據、圖表或影像。

展現戲劇性效果

多汗症治療機「Hidro-X」的廣告就很簡單，廣告裡出現許多衛生紙，有一個人用手掌去摸衛生紙，衛生紙竟然黏在手掌上，下方寫著：「這就是多汗症」。

看到這則廣告的人，如果有人的手心容易流汗，當場就會跟著做一次看看，因為只需要一張衛生紙，並不困難。而如果衛生紙真的黏在手掌上，他就會對廣告裡的產品有興趣。

還記得以前每個媽媽都會買的玉床墊和玉鐲嗎？你可能會懷疑，如今還有人買那些東西嗎？事實上，它們依然賣得很好，關鍵就在於「如何讓顧客走進賣場」，而不是「如何把東西賣給走進賣場的客人」。顧客只要走進體驗型賣場，就幾乎等於不得不買。

銷售員請你將手指的一個指節放到精密顯微鏡下，並且去看顯微鏡中的影像。你看到有幾條紅色微血管像小溪流的沉積物一樣，細長但不清晰分明。銷售員告訴你：「看起來，你的微血管有點阻塞，血液循環不好喔！」接著，他請你用另一隻手握住一大塊玉石，然後再看一次顯微鏡中的影像。結果，你看到非常不同的畫面，微血管變粗，而且血流變快了。這確實是你親眼所看見的。

「血管馬上就暢通了，對不對？將玉配戴在身上，不僅身體會暖和起來、血液循環變好，也能減少發炎與肌肉痠痛，讓你血管通！萬事亨通！」

聽到這裡，你不得不買了。其實，上述實驗過程裡隱藏了幾個祕密，但玉石銷售業者為了生計，不會告訴顧客。

實驗能夠凸顯兩個事物之間的差異，也能凸顯你所希望強調的事物的優點。三星手機Galaxy Note 7的電池爆炸問題成為全球矚目的事件後，LG便推出G6，並且進行大膽的實驗，以釘子鑿穿電池、予以通電，手機都沒起火。為了強調「電池的安全性」，有什麼做法比這個更明確嗎？

我製作直販影片已經有多年經驗，但一開始曾經面臨兩難。電影與一般電視廣告可以運用電腦特效、特殊拍攝手法、人物演技等，讓觀眾為之驚嘆；但我的直販影片主要只有我一個人出現，且只靠說話來吸引觀眾。由於只能靠說話來說服觀眾，我難以表現出輕重緩急，永遠都保持著強而有力的語調。

然而，如果一個人說話從頭到尾都是強悍的語調，無論內容再怎麼有說服力，聽眾聽到最後往往聽不下去。說話的過程中，應該製造讓人印象深刻、忍不住感嘆的記憶點。所以，我開始在直販影片裡加入這樣的記憶點。

有一次，我要為某產物保險公司的住宅火災保險製作直販影片，拍攝地點不是電視臺攝影棚，而是一個臨時搭建出來的臥房房間。我先在房間角落設置了因電線短路而引起的火花，並以碼表測量時間，結果，整個房間開始熊熊燃燒，僅僅四十六秒內就完全燒毀。

我接著現身，手裡拿著一本被燒毀的書，並說：「當父母失去了再買一次這本教科書的理由，心情會是如何？您家中的所有家電、衣服、家當都代表了您的人生，卻可能在瞬間化為灰燼；您的房子是您這輩子累積的最重要財產，但一分鐘之內就可能變成一堆廢墟。用完就會丟掉的手機都有保險，家人的避風港如果什麼保險都沒有，是非常不合理的。」

最後，再拿出一張銀行通知單，說：「房子就算燒掉了，您一樣會繼續收到銀行的貸款通知書。」

我想，這是我那陣子做得最好的直販影片，效果簡直好得沒話說。

④ 讓他親自體驗，效果最好

沒有任何銷售方法比「讓顧客親眼看見」還要更實在的了，此即「事物直接展示法」。

行動比話語更強大

我去拜訪美國的建材專賣店「家得寶」（The Home Depot）時，曾經詢問一名銷售員，某桌板是否為原木而非中密度纖維板所製成。結果，接下來的畫面讓我嚇了一跳，他直接拿起電鋸，當場將桌板鋸開給我看。我還需要問什麼呢？對於一個純粹理性的問題，他等於以最理性的方式回答了我。

三星智慧型手機的玻璃面板，為美國康寧公司（Corning Incorporated）的強化玻璃「大猩猩玻璃」（Gorilla Glass），在一般情況下幾乎不會產生任何刮痕，非常堅固。在影片裡，我不會只用口頭說它很堅固，而是說「現在馬上展示給您看」，便拿著一根鋼釘，先在汽車門板上刮出一道痕跡，再毫不留情的刮手機的玻璃面板，讓消費者親眼看見手機玻璃上一點刮痕也沒有。

我為韓國品牌「長壽石床」提供銷售訓練之前，先到實體店調查，並收集了消費者最常提出的疑問。買石床之前，消費者最好奇的就是：「石床會不會裂開？」

「聽說石床用久了很容易裂開……。」我問一名店員，他都如何回應這個傳聞，結果他二話不說、脫了鞋就站到石床上，用力跳上跳下，一邊說：「我的體重有九十公斤，在上面跳繩也沒問題。」我想，石床容易裂開的傳聞應該不會再出現第二次了。

我為前面提到的住宅火災保險公司提供銷售訓練時，教給他們一個銷售方法。每間保險公司都有住宅火災保險商品，但與美國不同的是，韓國的住宅火災保險不太會賣，因為消費者沒有感受到其必要性。

「我們家怎麼可能會有火災？有火災就會上新聞，但我們這輩子怎麼可能會上新聞？」很多人都這樣一口否認發生火災的可能性。這時，只要在消費者面前開啟「國民災難安全網」首頁，讓他看見「全韓國目前火災發生件數」，就會嚇一大跳，接著再告訴他，平均每天有一百二十個火災案件，每年多達四萬件，財產損失總額達兩兆韓元。由於讓消費者親眼看見當下有好幾十個火災案件正在發生，保險購買率確實大幅上升了。

類似的方式也運用在我為韓國避雷設備零件製造商「OmniLps」提供簡報訓練的時候。該公司的主要業務為，製造及裝設一種利用靜電屏蔽效應來保護整體建築物的系統，其業務員會去拜訪建物的所有權人，利用簡報說服他們購買自家公司的設備。我檢視了他們原有的簡報方式，裡面只有展示技術而已。

我請他們改在簡報室裡展示出，實際遭受雷擊而燒得焦黑的伺服器及設備，甚至讓對方聞到燒焦的味道。並且，先從依賴電腦設備來運作的企業開始下手，並以適當的事物性語言去說服對方。

「貴公司的所有資產可能會以光速的速度，瞬間燒毀。您應該不會把公司的存續與否都交給運氣去決定吧？」

讓消費者直接體驗

於全球一百多個國家及地區，展開國際救援活動的非營利組織世界展望會（World Vision International），來向我接洽的時候，我很好奇原因是什麼。「我的工作都是協助商業活動，一個進行非商業活動的單位怎麼會來找我……。」結果，世界展望會是希望找到讓更多捐款人掏出腰包的方法。世界展望會的定期捐款人只要每個月自動轉帳三萬韓元，就可以幫助貧困國家的兒童。世界展望會希望知道，有什麼方法可以募集更多款項。

我收到世界展望會的活動明細資料，一看，他們設立攤位、對一般大眾（而非企業）進行推廣活動時，只會要求路人簽名、請路人捐出零錢，或向路人介紹飲用水水泵的模型、給貧困兒童吃的粥、記錄當地環境與生活狀況的攝影展而已。我建議他們，在募款活動裡運用更多事物展示法的技巧，直接展示給對方看。以下是他們目前正在運用的其中一種做法。

先製作泥土餅，然後向潛在捐款人說：「這是泥土做的，您要不要嘗嘗看？」請對方直接試吃一口。二〇一〇年海地地震創下單一國家遭受自然災害的最嚴重紀錄，僅三十五秒內就有三十萬人喪生。海地是西半球最貧窮的國家，當地人因為窮得沒食物吃，所以開始製作與販賣泥土餅。

泥土餅是由泥土、水、一點點人造奶油所做成，有當地人會拿去販賣。但驚人的是，有人真的會買來吃。因為地震而失去父母的小孩則連泥土餅都買不起，只能乾巴巴的望著。如果捐款人親眼看到泥土餅，心情往往會變得激動。

另外，也在旁邊放玩偶與照片，並寫下：「這個玩偶是一名三歲女童與她四歲的姐姐一起做的，她們每天的薪水是一美元，從未感受過吃飽的感覺，請幫助這些孩童，讓她們吃上一頓飯。」

同樣的，也放置一張地毯，並寫道：「這張地毯是一名四歲男童每天坐十五小時、用他軟乎乎的小手快速編織出來的。請幫助他獲得上學的機會。」

此外，也展示出伐木用的刀，旁邊放著長期從事農業的手與腳的照片，以及用刀砍甘蔗卻不慎砍斷手腳的孩童的照片，寫道：「因為工作時毫無安全裝備而被這樣的刀砍傷，那些孩子這輩子從此沒手沒腳，只能上街行乞。」現場觸摸到那些物品的人，臉上的笑容與笑意都頓時消失了，有人甚至流下淚來。

我也請他們放一個水龍頭，並邀請潛在捐款人親自打開水龍頭。但不會有水流出來，這

本章重點

無論一個人再怎麼說自己很懂法律，也贏不過另一個直接拿出律師執照的人。**在實體事物面前，話語都會變得虛空，唯有「直接展示事物」才是最強的武器。在商業談判場合上，拿出報章雜誌與書報剪貼資料，也比純粹口頭說還要更好。**再加上，近年來，市面上出現越來越多種機器，圖片與影片都變得更容易製作。我為企業製作直販影片時，也會盡量放入現場側拍、圖表、報表等客觀性資料。我負責代理銷售位於菲律賓宿霧與克拉克的國際度假村時，雖然影片資料已經很充分了，我仍與攝影小組搭機飛到度假村上方取我要的景，並且在事業說明會上創造出超過兩百億韓元的銷售成績。

如果平時經常練習將身邊事物作為對話的媒介、替對話加分，你的實力會逐漸增長，別人也會為你的應變能力而感到驚豔。如果有一個人只以甜美的聲音不斷對你說「我很信賴你」，而另一個人對你說「幫我保管錢」、給你一大堆鈔票後就離開，你會認為哪一個人是真正信賴你？比起言語，實體事物更有力量。

第 5 章

用恐懼對付敵人的歷史，超過三千五百年

① 不能只有一點點害怕，因為顧客無感

恐懼是人類感知到威脅時，於心理及生理層面所產生的內在情感反應。利用恐懼心理來進行廣告的手法又稱為「恐懼訴求廣告」，指的是利用具威脅性的元素來引起消費者的恐懼心理，並說服消費者購買產品，且通常會運用「負增強」（negative reinforcement）的手段。負增強的手段是，先讓對方看見令他恐懼的事物，再以言語威嚇對方道，如果不聽話，就會經歷那可怕的事物。事實上，這種引起對方恐懼的手法是非常經典的廣告手段。

英國教授菲利普・泰勒（Philip M. Taylor）指出，三千五百年前，亞述人為了統治敵人，已經懂得採取引起對方恐懼的策略。從亞述帝國的首都尼尼微所出土的浮雕來看，亞述人會用鉤子鉤著俘虜的鼻子或嘴唇、用繩子將他們串連起來，並且拖在地上走；也會將人活生生的剝皮、拔掉舌頭，讓別的民族甚至在夢裡也不敢去挑釁亞述人。

人類利用這種恐嚇性手法來對付他人的歷史如此悠久，也算是證明了這種方法已被證實有效。然而，在寫給大眾的書籍及目前市面上找得到的資料裡，很少有人談論這種類型的手法。我想，大概是因為擔心談論這種話題會讓作者的品性也蒙上一層灰吧。

但在這一章裡，我將毫無保留的公開我的幾個相關案例，如何運用語言而不是行動，使

對方產生恐懼，並且達成銷售目的。要使對方產生恐懼時，前提是不得傷害對方的心情與情感，因為程度過當時，只會讓對方產生反感與敵意。

在成效與反感之間，你必須拿捏得當。雖然使用恐懼性語言有一瞬間被顧客冷眼以對的風險存在，但我仍要推薦，因為它可以創造出立即的效果與反應，威力十分強大。

恐懼標準已經拉高

韓國KBS電視臺的電視劇《傳說的故鄉》〈亂葬崗〉篇有一句名臺詞：「把我的腿還來。」有一對夫妻，丈夫生病了，妻子聽別人說，只要將已經過世三天的屍體的腿煮成湯，給丈夫喝下，丈夫的病就會好。於是，妻子半夜去挖墳墓，從某個屍體的身上割下了一條腿。結果，那個屍體從後面追上來，大喊：「把我的腿還來！」

節目播出時，這個橋段可怕得讓人都聽得見左鄰右舍的慘叫聲。雖然那已經是好幾十年前的節目了，但人們對它的印象還是很深刻，可見人們的恐懼有多大。

有一次，我就讀小學的姪子們聚在一起看這部老電視劇的重播，不過他們顯得很失望。興趣缺缺的說「什麼啊，好不自然喔」就轉臺了，以前播出的時候，連大人都覺得很可怕，現在的小孩卻不吃這一套。

如果幾十年前的恐怖電影重新上映，十之八九都會變成票房毒藥。現代人的恐懼標準已經拉高，對於太簡單的恐怖內容，多數人都無動於衷。今後，人們的恐懼標準將越來越高。

戒菸與戒酒廣告成效不彰的原因

試著回答這個問題：為何香菸盒或酒瓶上的警語實際上一點用也沒有？答案是，因為警告的嚴厲程度太低。

在韓國，每年有三萬人因為吸菸而死亡，死亡人數是交通事故喪生者的六倍。可見，香菸是一種致命的嗜好品。然而，沒有人會因為看見香菸盒上的警語就感到害怕、雙手顫抖與覺悟到「抽這個會生病、死掉」。那些習慣在午飯後三五成群抽菸、聊天的癮君子，仍是一副很幸福的樣子。

韓國保健福祉部，從二〇〇〇年就開始在電視上播放宣導戒菸的公益廣告，但愛抽菸的人根本不記得那些廣告的內容。以前，香菸盒上的警語通常是「吸菸有害健康，一旦開始就很難戒掉」，但這種話，小孩也會說。後來修改過的警語變成「懷孕期間吸菸會導致流產或產下畸形兒」、「吸菸會導致罹患肺癌等多種疾病，甚至使家人、鄰居都生病」、「家長吸菸會殘害子女的健康」、「吸菸會導致心臟疾病！您還要繼續吸菸嗎？」但也不過是這種程度而已。

韓國政府官員認為這種廣告能夠有效降低吸菸率，是不是比小孩還要單純？韓國健康增進開發院的國家戒菸支援中心，曾經調查國民對於香菸盒警語的認知，雖然有人回答「很可怕」、「我應該戒菸了」，但那也只是問卷調查上的回答罷了。如果我遇到這種調查目的非常明顯的問卷，我也會回答調查者所希望聽到的那種好聽的答案。

而我要談的是實際成效。我們請五十名吸菸者說出本人習慣抽的香菸的盒外警語，但大部分的人都給不出明確的回答。儘管香菸盒經常就在口袋裡，他們也不會記得盒上的警語，這代表那些警語根本無效。

在韓國，每年也有超過三萬的人因為飲酒而死亡。酒也與香菸一樣，具有很高的致死率。酒瓶上也會寫著警語，以往會寫：「飲酒過量會導致肝硬化與肝癌，並且增加開車及工作時的意外事故發生機率、引發酒精中毒。」你認為這些警語的內容寫得如何？它說飲酒過量會增加開車時的事故發生機率，所以意思是適量飲酒就不會造成任何開車上的問題嗎？而且，這種理所當然的內容，有誰不知道？

經過修改後的警語為：「飲酒過量會引發腦中風、記憶力受損及失智症，懷孕期間飲酒會增加產下畸形兒的風險。」但這依然寫得像某種格言一樣，只能在當下引起人們的注意，而無法強烈喚醒人們的警覺心。沒有人會在旋開燒酒瓶時擔心肝癌與失智症。

如果詢問戒酒、戒菸的人採取行動的原因，有人會說是為了自己的健康與家人，但不會有人說是因為看了包裝上的警語。酒瓶與香菸盒上的警語宣導之所以毫無效用，是受「樂觀偏誤」（optimism bias）所導致，即，安慰自己「不會發生在我身上啦！」的逃避心理。

行駛在高速公路上，總會不時看到叮嚀你小心駕駛的警語，但那些句子一點也不會讓我感到緊張，同樣是樂觀偏誤導致我認為自己不會有事。韓國每年的交通事故死亡人數有五千人，受傷人數有三十三萬人，但我忽略了那些數字，而認為自己不會遇到那種事。所以，警語的嚴厲程度必須再提高。

如果要塑造的只是一點點程度的恐懼而已，還不如不做。不上不下的恐懼訴求手法反而會帶來反效果。曾經有一名購物節目主持人在銷售防掉髮洗髮精的時候，說「不好好保養的話，會變成光頭喔！如果未婚，以後也會很難結婚！」，結果他不得不向觀眾道歉。

2 恐懼會激發人的想像力

恐懼是人人都想逃避的一種情感類型。某電視購物臺的一名女主持人正在銷售菜刀，她一邊摸著菜刀，一邊介紹產品。電視購物的一項商品展示原則是「主持人越頻繁觸摸產品，銷售量越好」，因為電視機前的觀眾觸摸不到產品，但是主持人可以為觀眾帶來間接體驗，讓觀眾產生「自己試用過了」的錯覺。

然而，主持人的手指快速滑過刀口的時候，發生了嚴重意外，主持人不小心讓刀鋒深深的劃進手指，刀面上開始有鮮血流下，整個過程都被觀眾看見。

意外播出這個場面之後，節目的來電數是上升，還是下降？刀最重要的就是「鋒利」，讓觀眾親眼看見刀劃進人的皮膚裡，來電訂購數難道不會增加嗎？並沒有，節目來電數快速減少很多，因為感到驚恐與害怕的觀眾馬上就轉臺了。

雖然現在很少有咖啡廳不提供無線網路，但在2G時代，很多咖啡廳是沒有無限網路的。我曾經與幾名學生在一間不提供無線網路的咖啡廳裡，各自打開筆記型電腦工作，並連結某學生的手機熱點。結果，咖啡廳裡的其他人也開始連結同一個熱點。由於該款手機無法設定連結密碼以阻止其他人連結，所以網速很快就變慢。

我對那名學生說：「你把熱點名稱改成恐懼性語言看看，其他人應該就不會來連結了。」於是，他將熱點名稱改為「連結後會中毒」。此後，我們待在咖啡廳的三小時內，沒有一個人來連結這個熱點，其他學生的熱點名稱也跟著改成「一連結就會被駭」，同樣沒有任何人來連結。可見，恐懼的力量很持久。

如果你對罹患乾眼症而經常點人工淚液或一次性眼藥水的人說：「轉開眼藥水之後，先在地上滴一滴眼藥水，因為轉開時，蓋子可能會釋出少量的塑膠粉末，而隨著眼藥水一起進入你的眼睛。」

從此之後，他都會照做，因為恐懼會不斷豐富人的想像力。

恐懼性語言的力量

以下將完整展現出恐懼性語言的威力。很多韓國人在餐廳裡吃免費泡菜時，不會特別在意泡菜是韓國產還是中國產。假如你開了一間餐廳，你必須遵守規定，標示食物的原產地，但在菜單上標示「米：國內產、泡菜：國內產」，顧客也不會回饋你特別好的反應。這時，你可能會想，要不乾脆換成低價的中國產泡菜吧。但廚師有自尊心，不願在食材品質上妥協，堅持要使用（韓國）國內產的泡菜。

如果他運用恐懼性語言，情況就會變得不同：「千萬不要吃中國產的泡菜。韓國在一九六〇年代時，蛔蟲、蟯蟲、十二指腸鉤蟲等寄生蟲的感染率高達八成，原因就是栽培農作物時使用人類糞便作為肥料；五十多年後的今天，感染率已經降至三・四%，代表每一百人裡只有三人感染寄生蟲。但是，如果吃中國產的泡菜，感染寄生蟲的機率會飆升，因為中國人種大白菜時依然使用人類糞便作為肥料。

「食物裡會檢測出大腸桿菌的原因只有一個，就是廚師去洗手間後手沒洗乾淨，因為只有糞便裡才會有大腸桿菌。除此之外，另一個會導致人感染大腸桿菌的原因就是中國產的泡菜。您會想把別人的糞便放進自己的嘴巴裡嗎？所以，請不要吃中國產的泡菜，我們只堅持吃國內產的泡菜。」

看過這段話的人，以後只會光顧提供國內產的泡菜的店家，而且可能這輩子都不敢吃中國產的泡菜了。

我針對市面上十種乾洗手液的廣告文案做了個比較。其中，最常出現的詞是「保護雙手」、「洗後保溼」、「甜美清香」，稱得上恐懼性語言的只有「去除九九・九%的各類型細菌」。

消費者真的會為了洗後保溼或甜美清香而買單嗎？業者應該了解那些會購買乾洗手液的消費者的心理，他們真正擔心的是肥皂不足以保持雙手乾淨。

如果改用下列文案，結果就會不同：「根據美國馬里蘭州大學於二〇〇七年的調查結果指出，有四六%的人在上完廁所後不會洗手，而與這群人握手的十五個人裡，有十一個人的嘴巴檢測出對方糞便裡的細菌。調查小酒館內花生碟的一項英國研究指出，裡面可以檢測出十四種有害細菌與小便成分，因為店員與顧客都會在未洗手的狀態下去碰花生碟。根據實驗結果，由於普通肥皂的殺菌及去除微生物的成效低落，所以就算用肥皂洗手，手上仍可能殘留糞便與細菌。因此，無論是家中或營業場所，都一定要使用專門的乾洗手液。」

像這樣，讓顧客產生恐懼的話，顧客馬上就會去買乾洗手液。

明明賣空氣清淨機，我卻一直強調懸浮微粒

我曾經為韓國某家電品牌的銷售員撰寫銷售話術。銷售空氣清淨機時，他們只強調功能面而已。於是，我為他們想出新的話術，融入恐懼性語言，內容如下：「現在，請觸摸一下您家中的紗窗，手馬上就會沾得黑黑的。一部分超細懸浮微粒能夠穿透紗窗、進入室內，整天不斷經由口、鼻，入侵您與家人的肺部，等於肺部一直在擔任人體空氣清淨機裡的濾網。

「懸浮微粒本身就有害，但它的身上還附有三種更加有害的物質，即細菌、微生物與重金屬。重金屬會累積在人的體內一輩子，有生命的細菌與微生物則無法被鼻黏膜抵擋在外，而會直達肺部，由三億多個肺泡進入微血管而遍及全身，導致身體發炎與惡化。

「世界衛生組織（ＷＨＯ）預估，全世界每八人中就有一人因為空氣汙染而死亡。假設您子女所在的幼兒園每班有八名幼兒，未來，其中一人將因為呼吸空氣而死亡。二〇一七

年，全球有七百多萬人因為空氣汙染而死，且其中四百三十萬人是因為室內空氣汙染而死。與室外空氣汙染不同的是，室內充滿了室內自然產生的氡氣、懸浮微粒、建材及家具所產生的甲醛、壁紙及油漆所產生的揮發性有機化合物等，而且這些物質的主要存在地點都是室內。所以，空氣清淨機是必備產品。」

假設因為空氣汙染日趨嚴重，你打算展開與空氣相關的事業。你想要製造及銷售口罩，但你只寫「請預防懸浮微粒汙染！」的話，有誰會多瞧一眼？只要將文案換成恐懼性語言「致死的懸浮微粒！您要一直吸入體內嗎？」銷售量就會不同。

你都花多少錢買保養品？很多消費者近乎病態的熱衷於購買保養品，彷彿保養品是皮膚的唯一救星。

以前有過這種廣告文案：「雖然保養品廣告都說要依照順序從化妝水擦到乳液才是正確的，但這個也擦、那個也擦的話，可能反而對皮膚造成不好的影響。保養品只要一、兩個就夠了。」內容就只有這種程度而已，前面提過，低強度的文案，還不如不要寫。

來聽聽我是怎麼說：「為了讓皮膚變好而塗抹保養品，可能反而害了自己的身體。保養品的成分裡，作為抗氧化劑的『丁基羥基茴香醚』可能導致肝臟或消化器官出血；洗面乳所含有的界面活性劑『聚乙二醇』可能導致心臟與肝臟細胞壞死；此外，主要從石油裡提煉出來的界面活性劑成分『十二烷基聚氧乙醚硫酸鈉』，曾被指出會對眼睛及呼吸器官造成副作用（等於你將石油塗抹在臉上）；『聚乙二醇』也可能誘發蕁麻疹；使用『異丙醇』失當的話，可能陷入昏迷狀態；防晒霜所含有的『二苯甲酮』可能誘發癌症；名稱包含『對羥基苯甲酸○酯』的成分多達十一種，例如：甲酯、丁酯、甲酯鈉等。

「與食物不同的是，保養品放了一年後依然不會腐壞，便是具代表性的防腐劑『對羥基苯甲酸○酯』所致，幾乎所有保養品都含這種成分。越來越多報告指出，這種成分會干擾人體的荷爾蒙及內分泌系統，而且可能提高罹患乳癌的機率；化妝水與洗面乳所含有的『二噁烷』被世界衛生組織列為2B類致癌物（致癌可能性較低）；人工色素裡，黃色四號、紅色二一九號、黃色二〇四號會誘發黑色棘皮症；有報告指出，紅色二〇二號會引發唇炎。

「身為一個替許多保養品品牌提供過諮詢的人，我說這種話幾乎等於自毀。但我實際去過消費者沒機會去的保養品工廠後才知道，保養品的原料完全就是化學物質。那些令人震驚的化學物質被裝進漂亮的容器、添加香味、放入美麗的包裝盒，再聘請美女模特兒協助宣傳，就搖身一變，成為你手上拿著的產品。

「當你看見廣告模特兒一邊輕拍雙頰，一邊為你喜歡的保養品背書道：『皮膚好水亮，保溼力超完美！』你立刻就被迷住。然而，『水亮』其實代表它含有許多在藥局也買得到、從石油提煉而成的『甘油』（具保溼效果）。甘油也能作為灌腸藥或利尿劑，甚至用於製造炸藥。『硝化甘油』是一種具爆炸性的危險物質（當然，它不會在你的臉上爆炸）。塗抹保養品，不，是化學品並沒有多大的好處。所以，千萬不要塗抹過多的保養品。」

我說這些話，不是因為我對保養品公司感到不滿。我的公司經常為美容美髮產品提供銷售諮詢，很多保養品公司都是我的直接客戶。我這麼做，都是為了證明恐懼性語言的力量。就像觸電這種物理性刺激會瞬間使人發麻，恐懼性語言是透過言語刺激，使對方快速迴避。因此，使用適當的話，可以成為一種威力強大的理性武器。

聽到他說話，我就想買！

- 產品：乾洗手液。
- 文案：「根據美國馬里蘭州大學於二〇〇七年的調查結果指出，有四六％的人在上完廁所後不會洗手，而與這群人握手的十五個人裡，有十一個人的嘴巴檢測出對方糞便裡的細菌。調查小酒館內花生碟的一項英國研究指出，裡面可以檢測出十四種有害細菌與小便成分，因為店員與顧客都會在未洗手的狀態下去碰花生碟。根據實驗結果，由於普通肥皂的殺菌及去除微生物的成效低落，所以就算用肥皂洗手，手上仍可能殘留糞便與細菌。因此，無論是家中或營業場所，都一定要使用專門的乾洗手液。」

聽到他說話，我就想買！

- 產品一：空氣清淨機。
- 話術一：「現在，請觸摸一下您家中的紗窗，手馬上就會沾得黑黑的。一部分超細懸浮微粒能夠穿透紗窗、進入室內，整天不斷經由口、鼻，入侵您與家人的肺部，等於肺部一直在擔任人體空氣清淨機裡的濾網。

「懸浮微粒本身就有害，但它還附有三種更加有害的物質，即細菌、微生物與重金屬。重金屬會累積在人的體內一輩子，有生命的細菌與微生物則無法被鼻黏膜抵擋在外，而會直達肺部，由三億多個肺泡進入微血管而遍及全身，導致身體發炎與惡化。

「世界衛生組織預估，全世界每八人中就有一人因為空氣汙染而死亡。假設您子女所在的幼兒園每班有八名幼兒，未來，其中一人將因為呼吸空氣而死亡。

「二〇一七年，全球有七百多萬人因為空氣汙染而死，且其中四百三十萬人是因為室內空氣汙染而死。與室外空氣汙染不同的是，室內充滿了室內自然產生的氡氣、懸浮微粒、建材及家具所產生的甲醛、壁紙及油漆所產生的揮發性有機化合物等，而且這些物質的主要存在地點都是室內。所以，空氣清淨機是必備產品。」

- 產品二：口罩。
- 話術二：「致死的懸浮微粒！您要一直吸入體內嗎？」

3 接下來，你要教顧客如何擺脫恐懼

如果只是不斷讓消費者感到恐懼，有何意義？恐懼性策略像某種人質遊戲，只要製造出恐懼，消費者就會變成恐懼下的人質。當消費者心懷恐懼、不知如何是好，你向消費者保證「購買我的產品，才能擺脫恐懼」，此即恐懼性策略的重點所在。

例如，我想把某種機能性肥皂賣給你；只是說「請購買」的話，你並不會買，但如果我用恐懼來綁架你，把你變成我的俘虜，結果就會不同。

「有一種蟲會寄居在人臉上的毛囊裡，以皮屑與皮脂維生，叫做『蠕形蟎蟲』。牠們會鑽入你的皮膚，偶爾出來透透氣，再回到皮膚裡，吃喝拉撒睡（真的會在裡面睡覺），進而引發青春痘、化膿、發炎、紅斑等。如果牠們爬到你的頭上，就會深入頭皮與頭髮毛囊，導致掉髮或搔癢。大部分人的臉上都有蠕形蟎蟲，唯有數量多寡上的差異而已。使用泡沫洗面乳並不能殺死牠們，牠們反而一點事也沒有。難道沒有任何辦法嗎？其實，只要在皮膚上滴一滴醋，蠕形蟎蟲立刻就會逃到皮膚表面。從今天起，就使用以醋為基底而製成的除蟎洗面皂吧！」

正在閱讀的你，或許現在也開始搜尋相關產品了。

打造恐懼地帶讓消費者購買你的產品

當你創造出一個令人感到不舒服的恐懼地帶，同時在旁邊設置一個助人擺脫恐懼的出口與避風港，人們都會為了逃離恐懼，自然而然掉入你的陷阱（你的產品）。

如果你要銷售氣泡水機，就以喝氣泡水的人為對象，先打造出一個恐懼地帶，再展示出你的產品：「人工合成雌激素、阻燃劑、火箭原料的共通點是什麼？答案是：這三者的成分都可以在罐裝汽水裡找到。具有人工合成雌激素作用的『雙酚A』可以使汽水罐裡的塑膠成分變得柔軟；屬於有害人體物質的阻燃劑能夠防止電腦或手機起火燃燒；火箭原料就不需要我多說了。你希望付錢把這些化學物質都送進體內嗎？如果經常買可樂、蘋果汽水、檸檬汽水等人工合成氣泡水來喝，你的肚子裡會發生什麼變化？不如把買那些汽水的錢存下來，在家裡自己做純氣泡水！」

如此一來，消費者就會為了逃離我所塑造的恐懼，逃往避風港——購買我的產品。

以前我經常在深夜電視購物節目裡銷售原豆咖啡，一邊播放歌手李文世的歌曲，一邊扮演深夜DJ，彈彈吉他、朗讀幾首詩，營造感性氛圍。那麼，作為理性武器的恐懼性語言也可以用來銷售原豆咖啡嗎？

只要你這樣說就可以：「奶球和防晒乳的共通點是什麼？答案是兩者都含有人工色素『二氧化鈦』。這種添加物會傷害肝臟，也會增加壞膽固醇、使記憶力惡化。您還想繼續使用奶球嗎？從此以後，請改喝最純粹的原豆咖啡吧！」

一旦讓消費者感到恐懼，他們的理性就會變得脆弱，你便可以輕易說服他，因為你瓦解了對方的心理防禦機制，從此可以盡情左右對方的心。

看似無害的產品，我也能販賣恐懼

我曾經受邀至韓國國際會議暨展示中心參加韓國中小企業產品大展。我一邊逛一邊觀察是否有什麼不錯的產品時，突然有一名約莫中年的企業老闆開朗的向我打招呼，說他讀過我的書。

我們互相交換名片後，他將他的產品——購物推車展示給我看。體積看似不大，但展開後裡面還有輪子，是很不錯且神奇的產品。但問題是，他在開拓市場時遇到困難，產品無法引起消費者的注意，讓他很苦惱。

於是，我先問他，是否分析過消費者既有的行為模式。他回答，多數人都會將推車裡結完帳的物品裝入紙箱，用膠帶封箱後帶走，沒理由額外買一個附有輪子的購物推車。你可能也是習慣在結完帳後，拿賣場提供的免費紙箱來打包。

像這樣，要消費者拋棄過去的習慣，購買一個他過去不認為有必要性的新產品，是最困難的情況。人人都說「不需要」的產品永遠都很難賣。當你必須改變已經長期定型的慣性行為時，強力的衝擊療法或許可以成為解方。

我說：「試試看讓消費者感到恐懼。」

「以後，您只要跟消費者說兩分鐘的話，他們就會開始使用這個推車。」

「您的意思是？」

「那要怎麼做？」

「我在大賣場也工作過很長一段時間。您知道賣場其實是蟑螂的溫床嗎？賣場集合了海鮮、肉品、即食食品等各種食物，就算再怎麼維護清潔，賣場依然看起來像一個丟棄各種食物垃圾的廢棄物處理場，魚貨底下的冰塊也不斷融化成水，並且流到地上，魚肉腥味與各種食物的味道瀰漫在空中，根本是蟑螂的最佳生活地點。您知道蟑螂都在哪裡產卵嗎？韓國的大賣場空間都不大，所以進貨區、揀貨區、廢棄物處理區大多集中在一起。

「也就是說，丟棄廢棄物的場所與存放紙箱及瓦楞紙的場所是同一個，而蟑螂就會爬進那些堆積的紙箱當中。紙箱中間通常有波紋狀的緩衝材料，蟑螂很容易就跑進去，對牠們而言是正好合適的棲息地。蟑螂在那溫暖的地方生活、產卵，您則把牠們都帶回家。蟑螂寶寶破卵而出後，牠們會在您的家中到處橫行。

「假如您知道一隻蟑螂可以繁殖出十萬隻小蟑螂，無論如何都不會把賣場裡被用過的紙箱帶回家。如果是裝過食物的紙箱，那就更不用說了。至於賣場裡的推車，由於人的身上，細菌最多的部位就是手，而手把是被好幾百人的手摸過的地方，您自己也去摸。所以不管您再怎麼消毒手把，那都是被別人摸過的。

「有國外研究指出，如果長時間觸摸公共推車的把手，手部就會感染細菌。接著，你很容易會用那雙手拿試吃的食物、摸孩子的臉。像這樣，您試著讓消費者感受到恐懼，再建議他們使用乾淨又衛生、只屬於自己一個人的購物推車吧！」

之後，那名老闆開始在社群媒體及部落格上強調賣場紙箱及購物推車的衛生問題，業績很快就上升了。光是讀上面的文字敘述就會讓人恐懼，而如果你親眼看過蟑螂在紙箱之間進進出出的影片，只要看三秒就夠了，你從此再也不會把賣場裡的紙箱帶回家。讓消費者感到恐懼，他們的心立刻就會動搖。

某一些類型的商品即使看似與恐懼毫無相關，一樣可以運用恐懼性語言來幫助銷售。如果是賣電視機，你可以告訴消費者低畫質螢幕會對眼睛造成不良影響；如果是賣吸塵器，你可以告訴消費者廉價吸塵器甚至會加劇懸浮微粒所帶來的不良影響；如果是賣水暖電熱毯，就以恐懼性語言來強調電磁波的危險性。

下面以寢具吸塵器為例，說明如何用恐懼性語言來幫助銷售：「床墊上，一對塵蟎可以在四十天內產出十萬隻幼蟎。透過顯微鏡觀察的話，會看見塵蟎行走時產出非常多的卵，而那些卵一孵化，又會瘋狂繼續繁殖。

「塵蟎的排泄物含有蛋白質成分『鳥嘌呤』，會誘發過敏。試著想像，整個晚上塵蟎都在你的身上到處爬行，以你的角質與皮屑為食，趁你睡覺時，在你的眼睛與鼻子裡進進出出。你一年在床墊上掉落的皮屑多達四公斤，如果是夫妻就會有八公斤，全部都會成為塵蟎的食物來源並幫助牠們繁殖。平均而言，床單與棉被裡也住有一百五十萬隻塵蟎，等於韓國整個光州市人口（一百五十萬人），那麼多的有害生物在你的床上與你共處。

「最後，你的床上將充滿塵蟎的屍體、卵、排泄物、皮屑、死去的細胞、細菌等。要解決這個問題，就要將床墊扛到屋頂上，放在陽光下曝晒。假如做不到，就必須使用寢具吸塵器。先利用強烈的紫外線將塵蟎全數殺死，在陽光下將寢具晒乾，最後再使用寢具吸塵器，以強大的吸力將髒東西都吸出，您的寢具就可以像半導體工廠一樣乾乾淨淨。」

上面這段話，口頭念出來不會超過三十秒，而且消費者立刻就會展現出想要購買產品的意願。所以，**如果你是家電產品的銷售員，與其冗長的講解產品的性能，不如試著讓顧客感到恐懼，便可獲得更好的成效。**

聽到他說話，我就想買！

- 產品一：機能性肥皂。
- 話術一：「有一種蟲會寄居在人臉上的毛囊裡，以皮屑與皮脂維生，叫做『蠕形蟎蟲』。牠們會鑽入你的皮膚，偶爾出來透透氣，再回到皮膚裡，吃喝拉撒睡（真的會在裡面睡覺），進而引發青春痘、化膿、發炎、紅斑等。如果牠們爬到你的頭上，就會深入頭皮與頭髮毛囊，導致掉髮或搔癢。大部分人的臉上都有蠕形蟎蟲，唯有數量多寡上的差異而已。使用泡沫洗面乳並不能殺死牠們，牠們反而一點事也沒有。難道沒有任何辦法嗎？其實，只要在皮膚上滴一滴醋，蠕形蟎蟲立刻就會逃到皮膚表面。從今天起，就使用以醋為基底而製成的除蟎洗面皂吧！」
- 產品二：氣泡水機。
- 話術二：「人工合成雌激素、阻燃劑、火箭原料的共通點是什麼？答案是：這三者的成分都可以在罐裝汽水裡找到。具有人工合成雌激素作用的『雙酚A』可以使汽水罐裡的塑膠成分變得柔軟；屬於有害人體物質的阻燃劑能夠防止電腦或手機起火燃燒；火箭原料就不需要我多說了。你希望付錢把這些化學物質都送進體內嗎？如果經常買可樂、蘋果汽水、檸檬汽水等人工合成氣泡水來喝，你的肚子裡會發生什麼變化？不如把買那些汽水的錢存下來，在家裡自己做純氣泡水！」

- 產品三：原豆咖啡。
- 話術三：「奶球和防曬乳的共通點是什麼？答案是兩者都含有人工色素『二氧化鈦』。這種添加物會傷害肝臟，也會增加壞膽固醇、使記憶力惡化。您還想繼續使用奶球嗎？從此以後，請改喝最純粹的原豆咖啡吧！」

4 天呀！太噁了！直接衝擊消費者的心

還有一種方法，是給予消費者直接的衝擊。比起說「請多多吃優格」，不如說「嚴重便祕可能導致死亡」，更能讓消費者感受到購買的必要性。

前面提過戒菸的廣告，現在來談談與戒菸相關的衝擊療法。

我在美國紐約的大都會人壽保險公司演講時，談到衝擊療法的案例。於是我將我公司製作的一個影片播放給六名受試者（吸菸者）觀看，影片裡，出現黏稠又黑漆漆、正在冒煙的焦油。

我說：「這就是焦油。鋪柏油路時，都會看到一種散發嗆鼻氣味的黑色物體，對吧？而那個黑色物體就是焦油。把這個東西含進嘴裡，五分鐘後吐出，留在你嘴裡的會是苯、乙烯基、砷、鎘、鎳，全都是會致癌的劇毒物質。你吸一根菸的那五分鐘，等於把這些東西都放進嘴裡，不斷吸入體內。做這種事，到底有什麼好處呢？」

雖然影片裡的焦油只是很逼真的模型而已，但那些吸菸者當場就有所反應，且超過一半的人後來確實戒菸了。這樣的衝擊療法彷佛給予他們一記當頭棒喝，也成功影響了他們。

在東方社會裡，恐懼訴求的力道明顯較小；在歐美地區，力道則強上許多。比較東西方的廣告，會發現歐美的恐懼標準高很多。以叮嚀駕駛人開車時勿拿起手機傳訊息的公益廣告為例，韓國、日本的廣告不會演出車禍畫面，只會讓觀眾聽到轟一聲，隨後是玻璃碎裂或布娃娃掉到地上的畫面；但歐美的廣告不同，觀眾會直接看見坐在後座的兒童掉出眼珠、腦袋碎裂，妻子肚破腸流的畫面，接著出現一段文字：「你還想在開車時拿起手機傳訊息嗎？」

打破樂觀偏誤

我舉出另一個衝擊療法的案例。我為韓國某保險公司製作了癌症保險商品的直販影片。全韓國所有保險業務員都像彼此約好一樣，總是告訴顧客「每三人就有一人會罹患癌症」。調查結果也顯示，沒有一個保險業務員是不說這句話的。這句話因為太常聽到，甚至路上隨便一個國中生都知道，但如果一件事情是很多人都知道的話，它的說服力也不會很高。

就算保險業務員說人們罹患癌症的機率是三根手指就數得出來，多數人依然不認為自己以後會罹患癌症，原因即「樂觀偏誤」，認為自己會一直健康下去，經常自我安慰。所以，應該運用衝擊療法，打破這種心理偏誤。我為保險公司製作的直販影片裡，有一部關於膽管癌的影片將恐懼訴求手法運用得最好，該保險公司至今仍不斷收到投保申請書。

影片一開始，我問消費者是否聽過膽管癌，接著說：「淡水魚不能生吃，否則可能感染肝吸蟲。肝吸蟲、肝蛭蟲、犬蛔蟲等長度達一公分以上的寄生蟲，會以麥穗魚等淡水魚為宿主。有報告指出，洛東江、蟾津江、錦江流域周邊有一〇%的居民都感染了肝吸蟲，由此可知，淡水魚身上有非常多寄生蟲。只要有一隻肝吸蟲進到肚子裡，身體立即會受到感染；四週後，肝吸蟲會開始產卵，且每天可產下四千顆卵。那些卵都會孵化出新的肝吸蟲，最長可以存活二十六年之久。藥局所販賣的一般驅蟲劑無法驅除牠們，必須到大醫院接受精密的糞便檢查，服用專門的處方藥才能夠殺死牠們。

「然而，就算你不吃淡水魚，你依然可能早已感染上述寄生蟲。如果你生吃某種蔬菜，而那種蔬菜裡有那些寄生蟲卵的話，你就會被感染。是哪一種蔬菜？是大白菜、萵苣，還是紫蘇葉？答案是水芹。我小時候看過水芹長在溪流或溝渠旁，就不特別喜歡它們。不過只要煮過或燙過，水芹上的寄生蟲卵就會死掉了。

「但如果沒洗乾淨就生吃的話，我們胃裡的消化液只能腐蝕肝吸蟲的卵殼而已，而孵化後的幼蟲會開始穿透小腸的腸壁，在你的肚子裡到處遊走；走到肝臟附近時，牠會跑進旁邊那條細長的膽管裡，瘋狂繁殖，引起發炎。醫生表示，切開膽管癌患者的膽管時，會看見裡面滿滿都是寄生蟲，那些寄生蟲寄生在裡面好幾十年，使膽管硬化，誘發膽管癌。

「二〇一二年，世界衛生組織旗下的國際癌症研究機構將肝吸蟲列為一級致癌物。有誰能夠確定，數十年前你在無知情況下生吃的水芹或動物肝臟，或者壽司店沒用滾水消毒過的刀具、砧板、抹布，會不會導致現在你的肚子裡有許多寄生蟲正在蠕動著？人人都是無意間罹患癌症的，與其無謂的擔心，不如先準備好一份令自己安心的癌症險吧！」

接著播放我好不容易取得的膽管癌手術影片，讓消費者看見寄生蟲在人體內蠕動的畫面，引起強烈的震撼。保險原本就是利用人的恐懼以進行銷售的東西，與其用散漫、不緊湊的內容去吸引消費者，不如以強力的一擊使顧客懾服。

也許你還是認為膽管癌並不可怕，但我想，你這輩子應該都不會生吃水芹了。

本章重點

沒有什麼事情比「有害人體」更能讓消費者感到恐懼。全球人口中，只有不到四％的人沒有任何健康問題；三分之一的人擁有五個以上健康問題。所以，只要深入談論健康的問題，消費者都會因此動搖。

電視上的健康節目不斷談這個很危險、那個很可怕，說不吃某某東西的話就會有很嚴重的問題云云，讓消費者感到恐懼、打開錢包，殊不知那都是收了錢的業配。

現代人的疑病症越來越嚴重了，幾乎每個家庭都備有好幾種健康食品，且每天早上都要各吃一次，光是吃健康食品，可能就會吃飽。

曾經有案例指出，一名八十五歲的老人原本每天服用多達二十七種處方藥，但改為只吃其中三種之後，咳嗽、腹瀉的症狀反而消失了，一週後甚至能夠自行進食，且認知功能與身體機能皆有所提升。

我曾在美國看過一則安全駕駛廣告：一名家長手上滿是鮮血，表情茫然失措的看著倒臥在血泊裡、死狀淒慘的家人，接著出現一行字——「你就是殺死家人的凶手」。未來，現代人將越來越習慣生活在恐懼之中，企業則不斷提高恐懼的標準。

由於恐懼性語言逐漸成為主流，越來越多業者也以它作為理性語言的武器。如果你是一名銷售者，就試著運用恐懼性語言來幫助銷售；如果你是一名消費者，面對恐懼性語言，請發揮你的判斷能力，找到其中的平衡點。

第 6 章

與競爭對手比較的翹翹板原理

①二分法，複雜事情馬上變簡單

所謂比較性語言，就像翹翹板的原理，將自己的產品放在其中一端，將別人的產品放在另一端；其中一端下降，另一端就會上升，是一種進行負面比較的方法。而且，也很容易讓人理解。

面對具有許多功能及元素的複雜產品，你不需要從各個角度一一分析，**只要利用二分法**，簡要列出不同項目，再**將自己的產品與別人的產品分列兩側就行了**。

以下是我提問時經常運用的方法：「每個人滿六十歲以後都會被分成『可以領年金的人』或『無法領年金的人』。您屬於哪一類？」如此進行二分法，就不需要特別評斷其中一方，而可以利用天秤的兩端來凸顯自己的那一方。

比較性語言是一種理性工具，能夠客觀比較兩種事物，而自己永遠會是勝利的那一方，因為你所比較的是自己的優點與他人的缺點。實際上，這個方法並不客觀，消費者卻會客觀看待之。

二〇一六年二月，英國家電品牌「戴森」（Dyson）在首爾市小公洞的某飯店裡舉行活動，公開比較自家的無線吸塵器與LG的吸塵器。他們透過實驗，展示出自家產品的吸力較強、LG產品的吸力較弱之後，大力強調自家產品的優勢所在。

臺下的參與者當然都以客觀角度看待這項實驗，並稱讚戴森的產品。但進一步了解才能發現，這其中使用了小伎倆：當天用來進行實驗的戴森吸塵器為定價一百二十萬韓元的高價產品，LG吸塵器則是定價三十萬韓元的產品，價格只有前者的四分之一，馬達與吸力自然是比較弱的。

把出發點不公正的兩個產品，放到看似公正的天秤上做比較，使消費者也用理性眼光去看待，即所謂比較性策略。接下來，我將讓你知道這其中的祕訣。

只要比較，就能帶來銷量

有個實際案例可以證明，當你只對消費者展示自己的產品，以及當你把自家產品與他家產品都放到天秤上進行比較，兩種做法的成效有多麼不同。

很久以前，我在節目上銷售從日本直接進口的洗潔液「Aqua Ion Magic」，銷售量卻不理想。當我一邊進行節目，一邊煩惱是否要停止銷售這款產品時，突然看到他臺正在銷售某款洗潔粉（購物節目主持人會一邊進行節目，一邊透過小螢幕觀看他臺的購物節目），於是我開始忽略本臺畫面上的字幕與原訂節目流程，轉而針對我手上的洗潔液與他臺的洗潔粉進行比較。

驚人的是，當天的銷售量變得非常好，關鍵就是「進行比較」的威力。

以下兩個句子裡，第一個是我們都認為理所當然的敘述句，第二個是運用比較性語言的比較句。哪一個讓你更有共鳴？

一、吃太多鹹的食物，對身體不好。

二、攝取越多鹽巴，病情就越可怕。

第二個句子裡，有兩種事物被做比較，更能引起人們內心的共鳴。銷售中國青島的旅遊產品時，與其說「近得只要一小時多就可以抵達，輕輕鬆鬆就能來回一趟」，不如說「有時候，從韓國江南區的逸院洞到江南區的新沙洞就要花一小時以上，與其在江南區裡面移動，不如去一趟青島」或者「我每天下班後都通勤一小時回家，把通勤時間換成旅遊時間，就去一趟青島吧」，帶來的威力更大。

將兩個比較對象放到天秤上進行比較，產品銷量很快就會上升。消費者接觸到銷售行為時，通常會依照「效果層級模式」（Hierarchy-of-Effects model），依序產生以下不同層次的反應：認知層次（認識、了解）、情感層次（善意、偏好）、行為層次（確信、購買）。

然而，在比較性語言的面前，消費者會跳脫以上被說服的順序，很快就會做出客觀結論。比較性語言是非常簡明易懂的。

2 人都喜歡選邊站，不想要灰色地帶

現代人傾向將事情劃分得很清楚，不喜歡留下灰色地帶。因此，如果將自家產品與他家產品分別放上天秤的兩端，再讓消費者站在中間，對兩端的產品進行比較的話，他就會用理性的眼光去看待早已被凸顯出來的自家產品的優點。運用比較性語言時，應該盡可能讓消費者看見天秤兩端之間的最大差異。

凸顯兩者間的鮮明差異

人蔘健康食品的型態大致可分為三種：顆粒狀的錠劑、液體狀的濃縮液，以及小型袋裝的飲料。小型袋裝的人蔘飲料可以直接倒入杯中飲用，色澤近似美式咖啡。所以，當其他業者大聲宣傳「疲憊的時候，就喝人蔘」時，我則把人蔘與咖啡放到天秤的兩端上做比較：「咖啡是進口的，人蔘是本土的。咖啡含有咖啡因，人蔘含有皂苷。咖啡是為了香氣而喝，人蔘是為了健康而喝。如果兩者的價錢一樣，哪一個會是更好的選擇呢？」只要這麼說，訂購量立刻就會上升。

自有品牌商與一般品牌商經常形成對立。自有品牌商批評，一般品牌商的產品價格之所以比較高，只是因為多了品牌的名氣；一般品牌商則反擊道，自有品牌商的產品只有價格便宜這項優點而已，品質卻是一場糊塗。兩者都將彼此放在天秤的兩端上，互相比較。

假如你要賣輕羽絨外套，與其只是強調它的優點，不如將它與厚羽絨外套進行比較：「地鐵裡面人擠人，你還在穿跟棉被一樣厚的羽絨外套？」光憑這句話就效果十足了。實際計算冬天待在戶外的時數，其實不長。即使是上下班的通勤時間，也是處於大眾交通工具或汽車的室內空間裡，而到了公司之後，立刻就會脫掉外套，整天都待在辦公室裡，下班後、週末時，也經常待在家裡。

所以，你可以說，厚羽絨外套大概只有要去南極探勘的時候才用得到，甚至打趣說：「不如拿去餵狗！」

現在，讓我們試著站在厚羽絨外套的立場來表示：「怎麼可能靠那麼薄的輕羽絨外套迎戰冬天呢？」

二〇一七年冬天，超強寒流侵襲韓國，比原本就以寒流而聞名的俄羅斯莫斯科更嚴重。氣溫低至零下十八度，再加上寒風吹拂，體感溫度掉到零下二十二度。所以可以批評輕羽絨外套：「穿那種比春天的外套還不如的草蓆，還敢出門？」

我再舉出我為韓國法務部寫的一個文案，同樣強調了天秤兩端的急劇差異。與其說：「在人群密集場所偷摸或偷拍異性，將會受罰。」不如說：「一時的性犯罪，用三十年來償還，你願意嗎？」韓國性犯罪者的個人資料紀錄最久可達三十年，我便利用天秤的兩端，加重強調這一點。

找出對立面，予以攻擊

如果想當家教的話，與其列出自己的學經歷，不如試著將補習班放到天秤上的另一端，予以批評：「一個讀過書的前輩，以及一萬個補習班，您要將孩子交給誰呢？與其跟好幾十個人一起坐下來聽臺上單方面講課，不如接受一對一教學，確實的提升實力！」

淡水鰻與海鰻，您更想吃哪一種？人們通常認為，淡水鰻適合用來進補，海鰻則較為廉價。我常去的一間鰻魚專賣店賣的都是海鰻，其廚房上方大大的寫著：「我們賣的不是吃飼料與抗生素長大、被關起來養、時常感到緊繃的淡水鰻，而是在大海裡自由生長的天然海鰻。海鰻不可能經過養殖，牠們在廣闊的大海裡自由來去，肉質更有彈性，也更健康。」

如果要賣真皮的皮夾克，與其說「皮革品質很好」，不如說「人造皮很不耐用」更令人印象深刻。

「人造皮革的表面大多塗有一層聚氨酯樹脂膜，使用壽命大約只有三年。一年一年清洗下來，肩膀、背部、領子、口袋的表面會開始龜裂、翹起來，收納在塑膠袋裡則容易因為溼氣與汗水而損壞。」

將人造皮與真皮放上天秤的兩端做比較，消費者會以理性眼光去看待兩者間的差異，接著，你再強調真皮的耐用度與功能，消費者很快就會敞開心房接受你的產品。

聽到他說話，我就想買！

- 產品一：青島旅遊。
- 話術一：「有時候，從韓國江南區的逸院洞到江南區的新沙洞就要花一小時以上，與其在江南區裡面移動，不如去一趟青島」或者「我每天下班後都通勤一小時回家，把通勤時間換成旅遊時間，就去一趟青島吧」。
- 產品二：人蔘飲料。
- 話術二：「咖啡是進口的，人蔘是本土的。咖啡含咖啡因，人蔘有皂苷。咖啡是為了香氣而喝，人蔘是為了健康而喝。如果兩者價錢一樣，哪個會是更好的選擇呢？」
- 產品三：真皮皮夾克。
- 話術三：與其說「皮革品質很好」，不如說「人造皮很不耐用」。

「人造皮革的表面大多塗有一層聚氨酯樹脂膜，使用壽命大約只有三年。一年一年清洗下來，肩膀、背部、領子、口袋的表面會開始龜裂、翹起來，收納在塑膠袋裡則容易因為溼氣與汗水而損壞。」

3 賣淨水器，比較對象卻是瓶裝水

要銷售瓶裝水的話，就要與淨水器進行比較：「韓國水資源公社一直鼓勵民眾喝自來水，說自來水品質很好，可是為何他們在自來水裡面加那麼多藥劑？光從公開資料就可以看出，水資源公社在自來水裡面加了非常大量的藥劑。

「所以，自來水就跟藥水沒有兩樣。此外，還有老舊水管的生鏽與腐蝕問題，以及自來水水塔的細菌汙染問題。

「自來水水塔裡面不僅曾經發現有泥沙、寄生蟲，甚至還有動物屍體。某公寓的一百名住戶曾經集體感染寄生蟲與罹患腸胃炎，原因就是老舊水管裡的寄生蟲。

「以前學校的自然科學課裡，我們曾經用燒杯與濾紙來過濾泥巴水，但誰也不敢喝那過濾後的水。您也不要再去喝民生汙水所過濾下來的自來水吧！請改喝保持最原始狀態、最乾淨的瓶裝礦泉水！」

運用相同的比較性策略，淨水器也可以反過來批評瓶裝水，並且凸顯淨水器的優勢：「有一項驚人的研究結果指出，人們常喝的瓶裝水含有許多肉眼看不見的塑膠微粒。美國紐約州立大學弗雷多尼亞分校地球環境科學系的梅森（Sherri Mason）教授研究小組發表論文指出，依雲（Evian）、雀巢（Nestlé Pure Life）、斐濟太平洋（AQUA Pacific）等著名品牌的瓶裝水都被檢測出塑膠微粒。

「美國非營利組織『星球媒體』（Orb Media）針對九個國家、十一個品牌、共兩百五十九個瓶裝水實施調查，結果其中的九三%都含有塑膠微粒，那些塑膠微粒就是塑膠瓶的成分『聚對苯二甲酸乙二酯』。每一瓶瓶裝水最多可以檢測出一萬個塑膠微粒。喝瓶裝水，等於吞下那些塑膠微粒。

「此外，韓國的瓶裝水皆由地下水製成，但如果口蹄疫爆發，豬隻、牛隻都會被埋入地下。二〇一〇年口蹄疫期間，就有三百五十萬隻家畜被埋到地下，相當於韓國國內每三隻豬就有一隻被掩埋。沒有人知道，那些埋在地下的數百萬隻死去的家畜所滲出的水，再加上民生汙水，整個地下水裡面到底含有多少汙染物。有誰能夠保證，你所喝下的瓶裝水不是來自於那些死去家畜的滲出水？」

聽到這裡，消費者立刻就會停止購買瓶裝水了。

淨水器還可以分為兩種：直輸型與儲水型。同樣的，與其強調自己的優點，不如批評另一型的缺點。

直輸型淨水器的業者可以這樣批評儲水型淨水器：「有句話說『死水易腐』。雖然是淨水器裡的水，但如果停留在儲水桶裡太久，一樣會產生水垢。您再怎麼勤於清洗、消毒出水口，有什麼用呢？如果您無法打開的儲水桶裡有細菌開始繁殖，您也是束手無策。

「此外，儲水型淨水器不僅比直輸型淨水器更貴，體積也更大，很容易讓廚房變得狹窄，但廚房的空間運用不正是最重要的部分嗎？即便如此，現有的淨水器品牌依然很少推出直輸型產品，原因是什麼？答案是利潤上的考量，他們不想推出比儲水型更便宜的機型。建議您，沒有水垢問題、沒有細菌問題、不需要清洗儲水桶、而且更便宜的直輸型淨水器更值得您購買。」

反觀銷售儲水型淨水器的業者，可以這樣批評直輸型淨水器：「瞬間過濾的水是無法過濾乾淨的；相反的，逆滲透壓的淨水方式能夠過濾掉非常細微的雜質，而且只能長時間耐心的一點一滴集結而成。

「如果想要保留具有活性的礦物質，更必須經過長時間的緩緩累積。因此，採用瞬間過濾的直輸型淨水器只會讓你喝到與蒸餾水差不多的水。儲水型淨水器才是您必備的選擇。」

協助解決「選擇困難」

能夠改善肝功能的健康食品大致可分為兩種：主成分為從熊膽中取得的「熊去氧膽酸」（ＵＤＣＡ），或者主成分為從奶薊中萃取出的「水飛薊素」。我曾經幫一款由奶薊製成的健康食品撰寫銷售話術。

我首先在它與熊去氧膽酸的產品之間進行了比較：「韓牛或白帶魚的價格原本就不低，

每次出現價格波動時更是一路飆漲，那你這輩子親眼見過活生生的熊幾次呢？市面上宣稱以熊膽製成的健康食品那麼多，業者又是抓了多少隻珍貴少見的熊、取得多少個如同巴掌般大的熊膽才製造出來的？

「我是不相信那種產品的，如果您要從動物性原料的熊膽保肝食品與植物性原料的奶薊保肝食品之中選擇一種食用，我建議您選擇後者。」

當消費者面對過多的相同功能產品，出現選擇困難，比較性語言可以幫助解決他們的煩惱，引導他們做出選擇。

開設於韓國大街小巷。

我們可以用下列方式針對這兩個產品進行比較：「韓國牛都住在狹窄的牛棚裡吃飼料長大；美國牛絕對不會被關起來，而是在廣闊的牧場上吃草長大。哪一種牛會更健康，肉質更結實呢？」

我們再看另一個例子。某韓國料理店的午間定食套餐為五萬韓元，但是，有顧客抱怨價格太貴。

於是，老闆拿牛排店來比較，為自己辯駁：「牛排館裡一塊半個巴掌大的牛排也是五萬韓元，人們卻不覺得它貴。但是，韓式定食的每一樣小菜都要切過、醃過、調味，最後再拌過，很費工，也很花心思與時間。如果跟牛排相比，這個價格算是非常便宜了吧？」

果汁市場不斷在萎縮當中。二〇一三年，韓國國內的果汁市場規模為一兆三百億韓元；五年後，市場規模萎縮了一半。然而，鮮榨果汁的市場卻逐漸擴大，這是因為鮮榨果汁與既有果汁展開了競爭，而既有果汁都屬於「濃縮還原果汁」，可以利用這點做比較。

所謂濃縮還原果汁，是國外的水果經過高溫濃縮、冷凍後，進口至韓國國內解凍，再加水還原而成的果汁。但是，維生素不耐高溫，加熱超過六十度就會破壞掉一大半，煮沸之後更是所剩無幾。不只如此，裡面還會添加人工化合物、各種色素及添加物。所以，當你喝一瓶濃縮還原的柳橙汁，你等於喝進一瓶摻入化學物質的黃色砂糖水。於是，鮮榨果汁業者成功說服消費者，與其喝既有的濃縮還原果汁，不如多花幾千韓元買鮮榨果汁來喝。

如果你要銷售果汁機，你必須將它與榨汁機做比較：「用榨汁機榨出的果汁其實與糖水沒有兩樣，因為果肉與果皮裡的膳食纖維都被過濾掉了，只留下滿是糖分的果汁而已。

「事實上，一瓶三百毫升的鮮榨果汁含糖量達三十克，與可樂的含糖量相當。你既吃不到有益健康的膳食纖維，又吃進過多有害健康的糖分，只會讓血糖上升而已。但如果你用的是果汁機，就可以攝取到水果裡的膳食纖維，幫助腸胃消化。使用果汁機，你才能喝到真正的果汁。」

用鮮明的對比說服對方

我曾經為百貨公司的業務員提供行銷訓練。他們的首要課題是去思考：「如何讓消費者在百貨公司結帳，而不是在網路上結帳？」如果某商品在網路上買得到且價格更低，取巧的消費者就會先在百貨公司看完商品實體樣貌，再透過網路通路購買。這是百貨公司近年面臨的最大問題。但我的工作卻更棘手，我必須幫助百貨公司尋找他們自己也找不到的解方。

不過，我認為百貨公司可以運用比較性策略，如下：「買包包時，當然要先觸摸看看、感受它的質感、打開內部看一看，接著試背、看一看鏡子，觀察包包背起來好不好看，再決定是否購買。這是很理所當然的事情。

「可是，如果有一種賣場不允許你觸摸、試背，不允許你看到實體商品，只能觀看與實際情形相差甚遠的影片做判斷，你甚至無法問問題，對方只是一直叫你買，你應該會覺得很瘋狂吧！但真的有這種賣場存在，那就是電視購物。你摸不到商品，也無法評估商品是否適合自己。而且，主持人要你什麼都不要問，拿起電話，直接就撥給自動訂購專線。

「還有另一種賣場，要你看完商品照片後就決定購買，那就是網路賣場。人人都知道，買衣服的時候，『看起來』跟『穿起來』之間是有差異的。購物除了是一種經驗，更應該是一種體驗。但在網路上購物，你無法擁有體驗，等於是在冒險。你按下購買鍵之後，又會擔心實物是否會跟想像中不同、退貨是否要收取額外費用、尺寸會不會買錯、看起來會不會很明顯是網路上購買的。在網路上購物，你必須等到收到實體商品，才能確認它的品質是如何，很多人連衣服上的縫線都會很在意，怎麼又受得了這種盲目購物的方式呢？

「百貨公司不僅提供良好的售後服務，要退貨的話也很方便。有時候，百貨公司也會比網路上賣得更便宜，因為百貨公司經常有打折活動。就算打折活動結束了，業者也可能以過季商品或員工價等各種形式，提供折扣給顧客。除此之外，你還可以累積個人點數及兌換禮券。相較於其他購物管道，在百貨公司購物最不會買錯東西，購物體驗也最完整。」

像這樣，逐條逐列的進行比較，再讓消費者看見網路上某幾個商品的最低價並不真的比百貨公司的價格更便宜，消費者就能被你說服。

我長期在韓國金融研修院為銀行業務員擬定銷售策略及指導銷售原則。有一次，我必須幫忙擬定儲蓄商品的銷售話術。銀行業務員建議顧客購買儲蓄商品時，顧客往往會回答：

「我沒有閒錢。」

這時，為顧客做相對性比較，是很重要的一個步驟。你可以將「消費」放在天秤上的另一端，與「儲蓄」進行比較：「您說沒有閒錢，卻有錢可以消費，您只是沒有計畫把錢用來儲蓄罷了。您知道您一個月刷卡多少次嗎？如果真的去計算刷卡次數，好像會變成一個怪人，對吧？但是，人很容易未經思考就刷卡。假如您每個月少刷幾次卡，生活也不會因此變得很差，不是嗎？您只要把那些省下來的錢拿去儲蓄就行了。您要當個消費者，還是儲蓄者？整個社會都充斥著商品的行銷活動，不斷吸引消費者購物。所以，您才會認為沒有閒錢儲蓄吧！

「大部分的人都習慣將『沒有錢』作為藉口，週末卻又到處玩、到處買，永遠有錢可以用來消費，卻沒有錢可以用來儲蓄。要解決這樣的問題，就要培養「先儲蓄，後消費」的習慣。如果一直抱持『人生有什麼難的？』這種想法，到了晚年，就會過得很慘。在餐廳吃完飯、要刷卡結帳的時候，您會一筆一畫慎重簽名嗎？應該都是隨便簽一簽吧！消費就是這麼隨便的事。

「但是，您只要在我給您的這張申請書上工整的簽一次名，未來就會變得完全不同。聽起來好像很辛苦反而會令您很開心，同一個東西，以不同的方式去使用，您的心情就會變得不同。同樣是十二個小時，加班會感到很辛苦，約會卻會覺得很幸福。時間會根據您怎麼使用而變得不同，金錢也是一樣。花錢很快樂？那都是虛無的；存錢很快樂？其實感覺還不錯！我經常鼓勵別人『盡情嘗試』，但我不會說『盡情消費』。至於儲蓄，儲蓄越多，好處只會越多。」

像這樣，互相比較「儲蓄」與「消費」，顧客便可以意識到「原來是因為慣性消費才沒有閒錢可以儲蓄」，並對儲蓄商品產生興趣。

如果要建議顧客購買年金商品，不要隨隨便便就說：「看在我的份上，買一個吧！」這種訴諸於情感的語句最不恰當。反之，你可以將商品分為「低價」與「高價」，為顧客進行比較：「十萬韓元的年金商品與一百萬韓元的年金商品，您比較偏好哪一種呢？」顧客通常都會選擇低價的商品。

那麼，你再與高價的商品比較，凸顯出你所要強調的部分：「下雨時，如果將一個小紙杯與一個大洗臉盆放到室外，哪一個會盛到更多雨水？當然是後者。儲蓄的道理也一樣。您每個月都會有薪水入帳，您所使用的容器是大或小，會決定您未來的幸福是大或小。您應該會選大的容器吧？假如您與韓國游泳選手朴泰桓展開一百公尺游泳對決，誰會贏呢？如果您早好幾秒先出發，您就能贏了。同樣的，當一個人從十萬元出發，另一個人從一百萬元出發，誰能更快完成理財的目標？即使是認真的人、聰明的人、有後臺的人、運氣好的人，都贏不過更早出發的人。

「一個班級裡，每個人都待在相同的教室，使用相同版本的教科書，上相同內容的課程；學期末，卻有人會成為第一名，有人成為最後一名。為什麼會這樣？因為每個人的起跑點不同，有人在放假期間就先預習、先做準備了。我相信，您也會選擇先從一百萬元出發，而不是以後再將額度提高到一百萬元。韓國有句俗諺說『藝伎三十歲就退休』，同樣的，能夠存錢的時間其實也很短暫。」

以上的銷售話術都是由我親自寫的，許多銀行與保險公司都在使用，並且創造出很好的銷售成績。

我曾經為韓國汽車用品品牌「勁牛王」的側後視鏡產品提供銷售諮詢，並協助其在電視購物節目中開賣。開賣之前，為了鞏固產品市場，我必須找到一個比較對象，以凸顯市面上既有產品的問題與使用上的不便。然而，該產品是當時全球第一個零死角的側後視鏡，市面上沒有任何可以拿來比較的產品。於是，我將市面上的後視鏡輔助鏡、可彎曲式後視鏡、轉角鏡都拿來進行比較。

我說明該產品與既有產品不同的地方在於，其鏡中影像完全不會變形，也不會遺漏任何死角，是一項革命性的產品。此外，由於公開比較他牌產品可能引發問題，所以可彎曲式後視鏡、轉角鏡都是拿同品牌的產品來做比較，而且是「勁牛王」額外製造、只標示品號、只生產幾百個，並只在直營店與幾間經銷店裡陳列而已。透過這種方式，使用比較性策略就不會產生問題。

聽到他說話，我就想買！

• 產品一：辣炒年糕。

• 銷售技巧一：你幫客人盛年糕的時候，有個辦法可以避免客人對你說「老闆，請給我多一點」，那就是使用小容量的碗。當你把整個碗盛得滿滿的，客人絕不會要求你盛更多。

• 產品二：小型郵輪。

• 銷售技巧二：與大型油輪做比較：「郵輪越大，上下船就要花越久時間。如果是一艘二十萬噸的郵輪，說不定上下船就要分別等待一個小時。在賣場等待結帳的時候，光是看到我前面有幾個人在排隊就會感到不耐煩了，更何況是等一小時呢？

「兒童節當天不去遊樂園，就是因為那裡人太多，當你待在密閉的郵輪上時，哪裡也去不了，人們聚集在一起等待下船的時候，你只會感到過於複雜而兩眼昏花吧？就像自助餐提供的食物再多，你也不可能全部吃完；郵輪再大，你也不可能所有空間都盡情使用過後再下船。適當大小的郵輪才可以讓你不用花時間排隊及等待，也比較具有機動性，可以停靠更多淺水港，讓你遊覽更多觀光景點。」

• 產品三：韓式定食套餐。
• 銷售技巧三：拿牛排店來比較，為自己辯駁：「牛排館裡一塊半個巴掌大的牛排也是五萬韓元，人們卻不覺得它貴。但是，韓式定食的每一樣小菜都要切過、醃過、調味，最後再拌過，很費工，也很花心思與時間。如果跟牛排相比，這個價格算是非常便宜了吧？」
• 產品四：果汁機。
• 銷售技巧四：與榨汁機進行比較：「用榨汁機榨出的果汁其實與糖水沒有兩樣，因為果肉與果皮裡的膳食纖維都被過濾掉了，只留下滿是糖分的果汁而已。
「事實上，一瓶三百毫升的鮮榨果汁含糖量達三十克，與可樂的含糖量相當。你既吃不到有益健康的膳食纖維，又吃進過多有害健康的糖分，只會讓血糖上升而已。但如果你用的是果汁機，就可以攝取到水果裡的膳食纖維，幫助腸胃消化。使用果汁機，你才能喝到真正的果汁。」

5 直指出競爭對手缺點，然後緊咬不放

所謂直接比較，是不透過間接手段、毫不掩飾的直接提及競爭對手，正面對決，並且只比較對自己有利的部分。但是，不會有人傻到真的講出競爭產品的實際名稱，還是需要迴避的。雖然直接比較的做法具有相當的風險，但只要有智慧的使用，就可以成為強大的武器。

利用聯想技巧，凸顯競爭對手的缺點

每次搭國內飛機，最令人抗拒的部分就是費用。韓國機場公社沒有只說「國內機票並不貴」，而是選擇以高鐵（韓國ＫＴＸ）作為競爭對手，將機票與高鐵票進行比較。

「來搭飛機吧！比高鐵更便宜！」二〇一六年，韓國有三百五十萬人購買高鐵定期票，每天搭高鐵就好像搭地鐵一樣，而這個數字是七年前的二・五倍。但韓國機場公社運用直接比較法，將高鐵票與機票比較，使機票顯得更便宜，告訴民眾應該多搭飛機。高鐵與飛機都屬於交通工具，所以可以用來互相比較。此外，高鐵是地面交通工具，飛機是空中交通工具，兩者所使用的空間不同，韓國鐵道公社不太可能因此動怒，所以這樣的直接比較法沒有

太大的風險。

韓國餐廳「本雪濃湯」標榜使用百分之百純牛骨熬製而成的湯底，並沒有添加花生粉與起司。為何他們偏偏提到花生粉與起司，而不是其他食材？因為競爭對手「神仙雪濃湯」添加了這兩樣東西。他們同樣運用了直接比較法。

某次，我在購物節目上銷售「河善貞泡菜」時，他臺正在銷售某藝人推出的泡菜。於是，我說：「藝人往往沒日沒夜的從事演藝活動，家中有阿姨幫忙煮飯，藝人親自下廚的次數並不多。所以，藝人推出的泡菜與我手上的產品根本無法比較。」事實上，意思就是要觀眾去比較這兩個產品，只是沒有講出品牌名稱而已。我從頭到尾都沒說明是指哪個牌子。

韓國人蔘公社的解酒飲料「正官庄三六九」廣告中有一句話：「Condition（狀況）不好的時候，喝什麼都可以」，但誰都看得出來這句文案其實是在攻擊競爭對象「Condition」（肯迪醒）解酒飲料。不過，由於該品牌名稱在廣告文案裡變成了普通名詞，業者可以避免被指責是在貶低對方品牌。

如果要買進口休旅車，你會選擇哪個品牌？每個人的喜好都不一樣，但「荒原路華」（Land Rover）的廣告可能會讓每個人都選擇購買它的車款：「賓利的 Bentayga、瑪莎拉蒂的 Levante、捷豹的 F-Pace、藍寶堅尼的 Urus、勞斯萊斯的 Cullinan，您知道它們的共通點是什麼嗎？它們都是該品牌有史以來的第一款休旅車。任何事物只要是第一個被做出來的『原型』，自然都必須經歷嘗試錯誤的過程。

「『第一次』一定會很生疏，但您要買的汽車，是與您的生命直接相關的物品，千萬不要讓自己當白老鼠。荒原路華自始至終，只做休旅車。買休旅車，請選擇最了解休旅車的荒原路華。」

我為雙龍汽車（SsangYong Motor）提供銷售訓練時，為了調查哪些車款賣得好，我與負責人對談，意外了解到雙龍汽車銷售任何一款車都會與現代汽車比較。

舉例來說，業務員會對顧客說：「鋼板是汽車的靈魂所在，而雙龍汽車的鋼板永遠強過於現代汽車。現代汽車因為與現代鋼鐵是關係企業，所以不得不使用現代鋼鐵的鋼板，無論品質是好是壞。而且，一般來說，這種供應商久了之後會開始鬆懈、變得懶惰，產品品質也會逐漸下降。

「相反的，我們雙龍汽車不存在義務性的利害關係，我們會從世界各地仔細挑選出品質最好的鋼板來使用。雙龍汽車的鋼板之所以比現代汽車的鋼板更加堅固，原因就在這裡。」

這段話是用於線下的面對面銷售，不會留下紀錄，因此不會引發問題。面對面銷售的性質不同於節目、線上銷售、電視購物、一般廣告及節目型廣告（infomercial），所以更常運用比較性策略。

與淨水器不同的是，瓶裝水的品牌非常多。試著選出兩個互為競爭對手的品牌，將它們進行比較。

在韓國，瓶裝水市場的最大品牌為「濟州三多水」，以四五％的市占率獨霸市場。由於排名第二的品牌與它差距過大，所以事實上沒有所謂排名第二的品牌，即使與所有自有品牌一同合計，市占率也只到三四%而已。不過，二〇一四年上市的「農心白山水」在上市後一年半內就獲得五%的市占率，僅次於「濟州三多水」。

假設「濟州三多水」希望拉開與「農心白山水」之間的距離，可以運用比較性語言：「白山水是中國產的，其水源分明位在中國境內，喝白山水就等於喝中國的水。品牌名稱『白山水』雖然聽起來像是取自白頭山上的水，但其實是取自白頭山下的奶頭泉，海拔不過才六百七十公尺，比首爾市的清溪山更低。這怎麼能說是來自白頭山的水呢？您連喝的水也要買中國產的嗎？」

如果「農心白山水」要為自己辯護並予以回擊的話：「白山水的水源來自朝鮮民族的靈山『白頭山』，且流經五十公尺厚的火山岩層，雜質都自然被過濾掉，最後成為自然湧出的泉水，擁有世界最高等級的天然礦物質含量，並且位在隔絕所有外部汙染的白頭山保護區內。飲用此水的奶頭泉周圍的居民都很長壽，且沒有中風及失智症。人的健康與他生長之地的土地品質具有很深的關聯。

「如同『身土不二』（按：日本大正時代的「食養會」提倡，之後韓國也提出這個口號，由韓國農協發起，鼓勵國民消費本國的農產品）這句話所言，人應該喝自己生長之地所孕育出的水，為何要莫名其妙的去喝一個遠方小島（濟州）的水？」

緊咬競爭對手的弱點

在韓國，應該沒有人像我一樣賣過那麼多的人蔘健康食品。由於大部分品牌我都賣過，我可以任意從中擇一進行比較。

「正官庄」是這麼介紹自家產品的：「正官庄創立於一八九九年（大韓帝國高宗三十六年）。超過一個世紀以來，一直都保持唯一的品牌名『正官庄』。一九九六年《人蔘專賣法》廢除以前，其他人都不得製造與販賣人蔘食品。

「國家立法實施專賣的商品有三個：鹽、菸、人蔘。在專賣法實施期間，人蔘作為國家最重視的商品之一，唯有國家可以製造與販賣。任何人或商號只要製造或銷售人蔘，便會犯法進而入獄。因此，其他品牌最多也只有二十年的歷史，製造技術與方法都不純熟，庸醫反而會誤人。

「此外，我們只使用六年根的人蔘，因為六年根是最健康強壯、最富生命力的時候。其他品牌因為產品經驗不足，所以會使用到半生不熟的人蔘。」

另一個品牌「天地陽」，他們採用的是四年根（收成期為四年），所以可以反擊只使用六年根（收成期為六年）的「正官庄」：「無論是六年根還是四年根，人蔘的皂苷含量都相等。不斷強調六年根的好處，不過只是生意人的手法罷了。而且，第五年到第六年期間是施用最多農藥的時候，理由很簡單，如果養了六年，卻在最後關頭死掉的話，一切就等同於前功盡棄了。

「如果您分別吃了四年根與六年根，感覺身體的變化程度有差異的話，我們願意給您十億韓元。但您可能吃八十年也不會有那種感覺。」

另一個品牌，由韓國農業協會出品的「韓蔘印」，會這麼說：「『正官庄』已不再是國家品牌，如今只是一間私人企業而已。私人企業是以賺錢、營利為目的，但韓蔘印是為了回報農夫的汗水與辛勞而出發的品牌。」

我為科隆集團旗下品牌提供銷售訓練之前，我先到賣場假扮為一般顧客以進行祕密調查。某次，我走進「Marc by Marc Jacobs」的店裡，假裝想要購買包包，但感覺價格太貴，便語帶尖銳的說：「這牌子又不是很有名，價格卻跟名牌一樣。如果是這種價格，我還不如去買Gucci。」

沒想到，店經理也很銳利的回應：「這個包包使用的是最高級的小牛皮。但同樣價格買到的Gucci包，用的是人造皮。」

我的公司在預估諮詢費用時，相較於客戶公司的財務能力，更多是去評估諮詢內容與對象產品質量之間的關係。但是，某些客戶只需要我們提供單純的銷售諮詢，所以每個客戶的諮詢費都不同。某客戶在我們這裡諮詢的費用，是他們以往向（不參與商業活動的）大學教授諮詢時的兩倍。

當他們認為費用過高的時候，我都會回答：「看書學游泳的人，以及實際上會游泳的人，這兩種人的身價會一樣嗎？只會站在岸上指導你的人，以及身處水中比你更早出發的人，誰提供的訓練會更實用？」

結果，我為客戶提供了一年的諮詢，旗下三個產品都大賣，至今仍在暢銷。

聽到他說話，我就想買！

- 產品一：國內飛機票。
- 話術一：以高鐵（韓國KTX）作為競爭對手，將機票與高鐵票進行比較。

「來搭飛機吧！比高鐵更便宜！」

- 產品二：進口休旅車「荒原路華」（Land Rover）。
- 話術二：「賓利的Bentayga、瑪莎拉蒂的Levante、捷豹的F-Pace、藍寶堅尼的Urus、勞斯萊斯的Cullinan，您知道它們的共通點是什麼嗎？它們都是該品牌有史以來的第一款休旅車。任何事物只要是第一個被做出來的『原型』，自然都必須經歷嘗試錯誤的過程。

「『第一次』一定會很生疏但您要買的汽車，是與您的生命直接相關的物品，千萬不要讓自己當白老鼠。荒原路華自始至終，只做休旅車。買休旅車，請選擇最了解休旅車的荒原路華。」

• 產品三：雙龍汽車（SsangYong Motor）任一車款。

• 話術三：與現代汽車做比較：「鋼板是汽車的靈魂所在，而雙龍汽車的鋼板永遠強過於現代汽車。現代汽車因為與現代鋼鐵是關係企業，所以不得不使用現代鋼鐵的鋼板，無論品質是好是壞。而且，一般來說，這種供應商久了之後會開始鬆懈、變得懶惰，產品品質也會逐漸下降。

「相反的，我們雙龍汽車不存在那種義務性的利害關係，我們會從世界各地仔細挑選出品質最好的鋼板來使用。雙龍汽車的鋼板之所以比現代汽車的鋼板更堅固，原因就在這裡。」

本章重點

毫無依據就貶低對手的產品是最差的做法。當你尊重對手的產品、給予寬容的評價，別人才會信賴我們的產品。你必須讓別人覺得你很了解對手的產品，而且會給予公正的評價。

在這一章裡，各位可以看到，運用比較性語言時，你只需要劃分出對手的優點與缺點就可以了，是誰都可以輕鬆運用的一種理性武器。如同章節開頭所言，比較性語言是可以快速見效的一種武器，因為當你將對手的產品放上天秤的另一端進行比較時，你馬上就能讓顧客看見你的產品的優點。

戶外用品店要銷售重量輕卻昂貴的登山杖時，只要刻意在旁邊擺放幾款便宜卻笨重的舊型產品來進行比較，顧客很快就會買走重量較輕的款式，連店員的說明也不用聽。在電視臺，無論是面試購物節目主持人、新聞主播或演員，編號一號的面試者幾乎很少被錄取。即使他們表現再好，面試官也找不到比較的對象，所以分數都會給得比較低。

可見，比較性語言是直覺性的，顧客只要看到截然分明的兩方，就會習慣傾向看起來更好、更像樣、更有分量的那一方。

第 7 章

「他的東西很差」，比「我的東西很棒」更有說服力

① 批判性語言，範圍要大，口氣要狠

吃口香糖這種東西時，你再怎麼努力小心嚼，看起來也不會變得高雅；「大嬸」這個詞，怎麼聽都不優雅。行銷工作也是這樣，無論再怎麼變化，都不會變得高尚起來，因為要行銷就要投放廣告，讓你的腦袋一整天都面臨攻擊。

擴大你的批判範圍

行銷就像一種無色無味的有毒氣體，能夠在你未察覺之時悄悄左右你的意志。行為學專家凡斯・佩克（Vance Packard）指出，由於宣傳廣告的意圖不容易被看出，人們比想像中還要更容易被它影響與操縱，這就是行銷的本質。所以，不要想在行銷領域中找到任何一絲高貴氣息。

我想，你應該也不是為了在這彼此拚得你死我活的行銷叢林裡，找到勵志故事而打開這本書的吧！所以，在這一章，我將介紹批判性語言，其所含的否定性策略，並不會將焦點放在自己身上，而是犧牲競爭對手，將他變成批判對象，以拯救自己。

為了促使顧客選擇自家產品，除了可以努力宣傳自家產品的優點，也可以反過來批評與貶低競爭對手，藉此提高自家產品的地位，這就是批判性語言。有時候，「他的東西很差」這句話比「我的東西很棒」更有力。有些顧客不相信「我的東西很棒」這句話，卻會相信「他的東西很差」，並且深深記住。

「您可以不買我的東西，但您千萬不要買他的東西。那種東西用第二次的話，會產生很大的問題。」只要這麼一說，顧客從此就會避免購買那個產品，即使後來顧客已經忘記他不買的理由是什麼。

批評就像白色牆壁上的一坨泥巴，泥巴即使向下滑落，痕跡也會一直留著。與比較性語言不同的是，比較性語言只是比較自己與別人；但批判性語言的否定性策略是貶低自己以外的所有人，所以在強度上大於比較性語言。

在選定批判對象以運用批判性語言之前，不用像比較性語言一樣非得選擇自己的競爭對手，所以運用時更加自由。但是，**如果你的批判對象與你毫無關聯，你的批評會變得不值得參考**。所以，**應該從相同所屬範圍中選出一個批判對象，再適當的凸顯出它的問題點**。

韓國的峨嵯山上，有一間清幽又靜謐的豆腐餐廳老店，原料只使用韓國產的黃豆，不使用化學凝固劑，而是使用圓武扇仙人掌所含的礦物質作為凝固劑。山下有另一間豆腐餐廳，原料為進口黃豆，有許多電視節目介紹過，所以客人絡繹不絕。前者的店長沒有批評化學凝固劑有害人體、取自海水中的鹽滷含有汙染，他只是默默製作本地黃豆所做成的豆腐。這種情況下，應該選擇什麼作為批判對象？

如果盲目決定將進口黃豆作為批判對象是行不通的。假設運用比較性語言，與山下那間同業餐廳進行比較，想必會爭論：「韓國總共有六十萬多間餐廳，怎麼可能依照美食節目某一個人的標準，從中選出前三名呢？假如你喜歡吃辣，我不喜歡吃辣，那麼，你所選出的前三名就會是我的倒數三名。美食節目根本不合理。」

但是，消費者的選擇範圍內難道只有豆腐餐廳嗎？他們也可能會選擇隔壁的烤肉餐廳。如果一樣運用比較性語言，可以純粹比較化學凝固劑與天然植物性的仙人掌凝固劑：「您要吃下無機性的化學凝固劑，還是植物性的天然凝固劑？我們每天會攝取十公克、總共八十到一百種的食品添加物，長時間下來，身體會越來越差。」但如果是運用批判性語言，會更進一步，將所有基因改造食品都作為批判對象。

你知道大賣場為什麼不賣玉米嗎？馬鈴薯與蕃薯都很常見，但突然想吃玉米的時候，卻經常找不到賣玉米的店家，原因就是玉米在韓國的自給率只有〇・八％。不像進口蘋果，進口玉米通常都賣不好，所以賣場裡很難看到玉米。

至於黃豆呢？韓國的黃豆自給率只有一〇％，其餘都依賴進口。然而，全世界的黃豆有八三％都是基因改造過的。如果要用一句話來說明基因改造食品的危害，就是「連害蟲都不吃基因改造過的黃豆及玉米」。基因改造作物也不怕除草劑，甚至會因為吸收而帶有藥害。

所謂基因改造作物，是指被植入取自微生物、植物或動物的抗病蟲害基因後，不怕病蟲害的作物。進口最多基因改造作物的國家是日本，但大部分是用於家畜飼料；排名第二的就是韓國，每年進口的基因改造作物多達兩百一十四萬噸。

你是否無法體會那是多少量？這項資訊可以作為參考：韓國人每年消耗的稻米大約為三百一十九萬噸。所以，韓國人吃下的基因改造作物相當於稻米消耗量的三分之二。有九九％的基因改造作物被製造為食用油、醬油、糖漿等，卻無須標明原料經過基因改造。至於剩餘的殘渣，則會用於製造火腿、大醬與醬油製品。市面上販售的所有芥花油都應該被視為基因改造食品，由大豆油與玉米澱粉加工製造而成的糖果也百分之百屬於基因改造食品。

基因改造食品真的有害人體嗎？就像被列為一級致癌物的香菸和酒不會在短時間內引發問題，基因改造食品的害處也要經過一段時間後才會顯現出來。雖然從結論上而言，基因改造食品確實有害人體，但人們不容易感覺出來，而這一點更令人擔憂。

有實驗者為了研究基因改造食品對於人體的危害，讓老鼠吃下基因改造食品，結果發現牠們產生若干健康問題；長時間食用後，連免疫系統都出現問題。然而，由於食品業者反對，基因改造食品完整標示法至今仍無法實施。

落葉劑曾經被認為是安全的，但今日，人們發現落葉劑會引發畸形兒等嚴重問題，便禁止使用。加溼器殺菌劑也曾經被宣稱是安全的，後來卻發現是足以致人於死的恐怖產品。同樣的，雖然食品業者不斷主張基因改造食品很安全，但誰都不知道未來會不會引發問題。中國政府禁止軍人食用基因改造食品；俄羅斯的基因改造食品進口者會被判刑。

韓國的基因改造食品進口相關法規並沒有這兩個國家一樣嚴格，所以進口黃豆大多是基因改造過的。未來，你還會買用進口黃豆做成的豆腐嗎？得知這些事實之後，你至少會更強烈認為豆腐應該買本國產黃豆所做成的。如果你不只要說「我們的黃豆品質很好」，還要運用批判性語言，說「進口黃豆有害人體」，應該盡可能在同一範圍之內慎選你的批判對象。

對手的弱點就是我的優勢

如果要銷售口腔清潔器，例如Waterpik或Panasonic的沖牙機，你應該選擇什麼作為批判對象？沒有仔細思考就回答「牙刷」的話，那當然不是正確答案，因為口腔清潔器絕不能代替牙刷，沒有人使用口腔清潔器是為了代替牙刷。

會購買口腔清潔器的人，是因為他們認為只靠刷牙的話不夠乾淨，所以想要額外添購能夠改善口腔衛生的產品。所以，以牙刷為批判對象，不會有效果。正確答案應該是「牙膏」。事實上，Panasonic的沖牙機廣告就說過：「牙膏不是萬能，但沖牙機可以洗掉刷牙後依然留在口中的食物殘渣。

「牙膏吃下肚的話會變成毒藥，因為裡面充滿了化學物質，不只有防腐劑、芳香劑、溼潤劑，還有研磨劑——細碎的石粉。這些化學物質不太可能因為你漱口三、四次就全部漱掉。假設你每天刷牙三次且活到平均歲數以上，那麼你這輩子總共會刷牙九萬次；假設每次刷牙會不小心吞下〇・一克的牙膏殘存物質，你這一生就會吞下總共將近一公斤的牙膏。

「所以，你需要沖牙機，它會像洗車場的高壓水柱把車上的汙垢都去除乾淨一樣，把你的齒縫間也清洗乾淨。刷完牙後，一定要再使用沖牙機。」

像這樣，選對批判對象，你才能成功凸顯自家產品的優點。

假設你要銷售蜂膠健康食品，你應該把什麼產品作為批判對象？很多人都認為是其他種類的健康食品，但那不是正確答案。

正確答案應該是抗生素藥品：「抗生素不是感冒藥，抗生素是為了抑制微生物生長而服用的有毒物質，通常是在有嚴重傷口或疾病時，用以防止細菌感染。但在韓國，連兒童得到普通感冒也會用抗生素，每一百人裡就有三人每天服用抗生素，而且抗生素的處方率是世界衛生組織建議標準值的兩倍。沒吃下任何腐壞食物的前提下，光是服用抗生素就可能引發腸胃炎，而且多數抗生素都可能引起腸胃炎。頭孢菌素類抗生素與奎諾酮類抗生素特別容易引起腸胃炎。

「此外，抗生素也會導致免疫力下降。人體裡的免疫細胞有八〇%是位於腸內，抗生素卻會將腸內的好菌與免疫細胞都殺死。所以，請改吃來自大自然的天然抗生素——蜂膠。」

同樣道理，如果你要銷售櫻桃，你會選擇什麼作為批判對象？很多人都會想到檸檬，然而，比起檸檬，阿斯匹靈更有效果：「阿斯匹靈是一種止痛藥，但長期服用會變成毒藥。一九九九年美國波士頓大學博士烏爾夫的研究指出，因為服用阿斯匹靈而死亡的人數有一萬六千五百名，比罹患愛滋病而死亡的人更多。

「但是，櫻桃的消炎效果是阿斯匹靈的十倍。與其吞下兩顆化學藥物，不如吃半顆櫻桃。櫻桃不僅天然，還具有止痛效果。與阿斯匹靈不同的是，櫻桃不具有耐藥性，長期吃也有益身體。（阿斯匹靈是以柳樹萃取物提煉而成，也屬於安全的天然原料。考量到製藥公司可能讀到這個段落，特此註明。）」

我曾經接下銷售蜂花粉健康食品的案子，當時我所想出的廣告標語是「維他命等於石油」、「維他命不好吃」，便是將維他命作為批判對象。維他命完全屬於化學物質，其原料為提煉自石油的副產物——煤焦油，再加入人工色素、防腐劑、保鮮劑及其他化學物質，最後將分子結構調整得與天然維生素相同。

就像我們吃再多醫院開立的處方藥也不會獲得任何好處，維他命不過就是另一種藥丸罷了。那麼，這世上有真正天然的維他命產品嗎？想都不用想，絕對沒有那種東西存在。說得這麼狠，我也不怕各大維他命廠商與銷售業者的攻擊，因為我說的全是事實。實際上，要製造出天然維他命，根本是不可能的事。

市面上宣稱是天然維他命的產品，頂多只會含有非常少量的天然維生素，其餘都是以化學物質來填充至目標劑量。而且，如果那極為少量的天然維生素是萃取自水果那樣的天然食物，那還算幸運，但大部分都是萃取自化學加工而成的酵母。

人們都以為維他命C是萃取自柳橙或檸檬等水果，但事實根本不是如此，而是必須利用可卸除指甲油的丙酮，從基因改造過的玉米裡萃取出來，我絕不會餵小孩吃兒童專用維他命。兒童不懂如何吞下錠劑，所以兒童專用維他命通常是咀嚼錠或軟糖的形式。但請你思考：化學物質會好吃嗎？

當然不。所以，為了讓維他命吃起來酸酸甜甜的，就必須添加蘋果酸、檸檬酸、精製白糖，以及阿斯巴甜等人工甘味劑來調整味道。你可以去查證看看，葡萄口味、草莓口味、藍莓口味的維他命是否真正含有那些水果的萃取物。如果你聽到購物節目主持人在試吃兒童專用維他命後，說「真的吃起來酸酸甜甜的，很好吃」，等於在告訴你「這顆維他命裡面滿滿都是調味用的化學物質」。

最好的選項是來自天然的真正維生素。其中，蜂花粉是蜜蜂賴以為生的營養寶庫，營養價值非常完整，可以說是綜合維生素。而且，人體只會從中攝取真正需要的營養分量，其餘便會自然排出，每天早上都食用一匙吧！

勿冒犯其他品牌

涮涮鍋餐廳的批判對象應該是誰？不是其他涮涮鍋餐廳，而是一般烤肉店：「一直以來，您吃肉都是吃烤肉，但這是最壞的選擇，因為烤肉就是『烤焦的肉』。有研究指出，烤肉時的溫度只要超過五十度，產生的致癌物就會暴增為兩倍。在高溫下，肉所含的脂肪不僅會釋出提高胃癌罹患率的苯芘與多環胺類等致癌物，也會釋出誘發大腸癌的成分。

「如果使用烤網，使炭火直接接觸肉類，則產生的致癌物最多會是使用烤盤時的二十倍。你可能認為去除烤焦部分後，剩下的依然可以吃，但那是沒有用的，因為致癌物會透過油脂遍布於整塊肉。此外，烤肉時產生的煙含有一氧化碳、乙醛與超細懸浮微粒，您都會近距離吸入。如果要吃肉，最好的方式是吃涮涮鍋。」

為特百惠提供銷售訓練時，由於其產品全為塑膠製品，最大的難題是消費者更偏好使用玻璃密封容器而非塑膠容器。消費者認為，由於容器直接接觸食物，玻璃材質還是更衛生、更環保。那麼，應該怎麼銷售特百惠的產品？

我必須毫無保留的批評玻璃製容器，銷售話術如下：「玻璃是用矽砂製成的，由混濁的矽砂製成乾淨的玻璃。但是，只用這種純天然原料製造出玻璃的時代已經過去了。為了避免玻璃碎裂，現在市面上所有玻璃密封容器都是用強化玻璃做成的，做法通常有兩種：一種是將普通玻璃浸入有毒的硝酸鉀溶液，透過高溫加熱，使溶液中的鉀離子進入玻璃表面，提升玻璃強度；一種是在兩片玻璃間夾入由化學物質製成的薄膜。也就是說，玻璃並非百利而無一害，而是化學製成的產物。

「請您使用具有環保材質認證的特百惠產品。英國女王伊莉莎白二世已經高齡九十多歲，依然十分健康、開朗。人們很好奇她的飲食習慣究竟是如何。《每日電訊報》（*The Daily Telegraph*）與英國電信指出，女王每日早上八點半享用的早餐都是裝在特百惠的器皿裡。想要保持健康的話，請使用特百惠。」

韓國化妝品品牌「Enesti」以實施四天工作制而聞名。我拜訪他們並取得資料後，驚訝的發現其產品價格非常低，很多都只有幾千韓元。

如果要銷售他們的產品，應該以誰為批判對象？當然是高價位的名牌化妝品：「告訴您一個驚人的祕密。您知道嗎？您購買的法國名牌化妝品可能是用中國工廠的水製成。手上那罐化妝品究竟是法國製還是中國製，消費者有可能知道嗎？絕對不可能。根據韓國現行的化妝品標示法，化妝品只需標示出『製造商』與『製銷商』即可。

「所以，法國品牌商被標示為『製造商』，貼上韓文說明並在韓國代理銷售的公司被標示為『製銷商』，但實際上負責製造的廠商卻不需標示出來。因此，就算買的是名牌化妝品，消費者也無從得知那究竟是以法國阿爾卑斯山的冰河水製成，還是以中國某邊疆工廠的地下水製成。

「您知道連韓國很多化妝品品牌的產品也是由類似仁川南洞產業園區那種地方的工廠利用地下水製成的嗎？如果您以為是把濟州島的水運輸過去再進行製造，就太傻、太天真了。您知道世界上所有化妝品裡面含量最多的成分是什麼嗎？答案是『純水』。

「以那種水做成的化妝品，我就算已經花大錢購買，也不會使用。我們品牌的產品，完全是以少有人為汙染、經過忠州市政府認證的小白山山麓天然溫泉水所製成。」

近年來，很多家庭都選擇購買螢幕寬而薄的電視機。這種大螢幕電視機的批判對象應該為何者？是筆記型電腦，還是智慧型手機？兩個都不是。

根據我的經驗，最有效的批判對象是電影院，因為幾乎每次只要以電影院為批判對象，電視機的銷售量就會提高。可以這麼說：「與其去電影院，不如在家裡好好欣賞電影。要看電影，您不用非得到那陰暗、充滿霉味與灰塵、椅子被別人坐過的電影院。在家中的明亮光源下看電影吧！

「您可以盡情把腳伸直、大聲嘻笑、牽手擁抱，而且不會看到一半被正在看手機的其他觀眾打擾。您還可以在中途放心的去上廁所。電影結束後，您不用在電梯前面排隊等待，也不需要繳停車費，就像穿上一件最令你感到舒適的衣服。看電影，也以最令你舒適的形式來享受吧！」

澳洲健康食品品牌「澳佳寶」的Omega-3魚油是我協助進軍韓國並成功上市的。該款魚油的原料取自海洋中最常見的鯷魚，其他品牌的魚油則大多取自海豹或鮭魚等高級魚種。因此，銷售時，我以他牌魚油為批判對象：「處於海洋食物鏈的越頂端，受到汞等重金屬汙染的程度也越高。

「海豹與鮭魚都屬於海洋食物鏈最頂端的獵食者，因此重金屬汙染也最嚴重。澳佳寶的魚油是由食物鏈最底端的鯷魚所製成，所以非常安全。」

雖然開頭是在批評其他產品，卻引起消費者的熱烈反響，產品一季的銷售額就突破一百億韓元。

最近，Omega-3健康食品的趨勢改變了。原本Omega-3都是取自動物性原料，但植物性原料的Omega-3開始受到歡迎。我曾經為教元集團的植物性Omega-3健康食品「Wellseed」撰寫銷售話術，批判對象即動物性原料的Omega-3：「大部分的Omega-3都是從海豹、鮭魚、鯷魚等動物身上取得的，但無論是哪一種動物，都避免不了重金屬汙染。甚至連非常小隻的幼魚體內也檢測出含有塑膠微粒，因為幼魚吃的浮游生物也已經被汙染。

「但是，我們的產品是百分之百取自有『海洋植物』之稱的微細藻類，屬於植物性Omega-3，所以會不受海洋重金屬或環境荷爾蒙的汙染，非常安全，就像肉類與蔬菜是不同一個層次。」

談植物性產品的優點之前，你必須先批評動物性產品的缺點，消費者才會開始注意到你要銷售的植物性產品。

韓國東西食品公司的三合一咖啡「Kanu」雖然比他牌產品更貴，但只有貴幾百韓元而已。因此，Kanu瞄準咖啡廳以作為批判對象，產品則定位為「世上最迷你的咖啡廳」，意思是要消費者別去咖啡廳花好幾千韓元喝咖啡，而是在家享受。後來，產品定位又更進一步，變成「世上最愜意的咖啡廳」，告訴消費者，與其到人多、嘈雜、要等待、又不方便的咖啡廳，不如將最令你感到舒適的家裡變成咖啡廳。

無論選擇誰作為批判對象，你都必須盡可能強調它「會為消費者帶來問題與不便，所以絕對不值得買」。假如你要賣優格，批判對象應該是誰？也許你最先想到的是其他品牌的優格，但那樣做的話會很危險。你應該從其他食品當中選一個，最好是吃或不吃都沒差，或者吃了也會認為不怎麼樣的那種食品。因為優格有益身體，所以應該選擇一個不有益身體的食品，例如可樂或披薩。

「Nutella」巧克力醬如何？Nutella只有顏色上與優格不同，但黏稠度很類似，在用途方面，也都可以抹在其他食物上食用。人們買優格是為了促進身體健康，買Nutella只是為了好吃而已。

所以，列出Nutella的缺點後，就可以撰寫銷售話術：「一罐四百克的Nutella巧克力醬裡，有兩百二十七克，即一半以上都是砂糖，這個恐怖的事實，您知道嗎？與其吃Nutella，不如改吃有益健康的優格吧！不僅味道清爽，對身體也很好！」

雖然乍看之下這樣的內容很有風險，但因為不是來自巧克力同業的攻擊，Nutella應該不會抗議。再加上，Nutella幾乎已經變成像巧克力派那種普遍化的商品，就算發生法律爭議，最後也很可能被認定無罪。

聽到他說話，我就想買！

- 產品一：沖牙機。
- 話術一：以牙膏為批判對象：「牙膏不是萬能，但沖牙機可以洗掉刷牙後依然留在口中的食物殘渣。

「牙膏吃下肚的話會變成毒藥，因為裡面充滿了化學物質，不只有防腐劑、芳香劑、溼潤劑，還有研磨劑──細碎的石粉。這些化學物質不太可能因為你漱口三、四次就全部漱掉。假設你每天刷牙三次且活到平均歲數以上，那麼你這輩子總共會刷牙九萬次；假設每次刷牙會不小心吞下〇．一克的牙膏殘存物質，你這一生就會吞下總共將近一公斤的牙膏。

「所以，你需要沖牙機，它會像洗車場的高壓水柱把車上的汙垢都去除乾淨一樣，把你的齒縫間也清洗乾淨。刷完牙後，一定要再使用沖牙機。」

- 產品二：櫻桃。
- 話術二：比起檸檬，用阿斯匹靈作為批判對象：「阿斯匹靈是一種止痛藥，但長期服用會變成毒藥。一九九九年美國波士頓大學博士烏爾夫的研究指出，因為服用阿斯匹靈而死亡的人數有一萬六千五百名，比罹患愛滋病而死亡的人更多。

「但是，櫻桃的消炎效果是阿斯匹靈的十倍。與其吞下兩顆化學藥物，不如吃半顆櫻桃。櫻桃不僅天然，還具有止痛效果。與阿斯匹靈不同的是，櫻桃不具有耐藥性，長期吃也有益身體。（阿斯匹靈是以柳樹萃取物提煉而成，也屬於安全的天然原料。考量到製藥公司可能讀到這個段落，特此註明。）」

- 產品三：特百惠塑膠容器。
- 話術三：「玻璃是用矽砂製成的，由混濁的矽砂製成乾淨的玻璃。但是，只用這種純天然原料製造出玻璃的時代已經過去了。為了避免玻璃碎裂，現在市面上所有玻璃密封容器都是用強化玻璃做成的，做法通常有兩種：一種是將普通玻璃浸入有毒的硝酸鉀溶液，透過高溫加熱，使溶液中的鉀離子進入玻璃表面，提升玻璃強度；一種是在兩片玻璃間夾入由化學物質製成的薄膜。也就是說，玻璃並非百利而無一害，而是化學製程的產物。

「請您使用具有環保材質認證的特百惠產品。英國女王伊莉莎白二世已經高齡九十多歲，依然十分健康、開朗。人們很好奇她的飲食習慣究竟是如何。《每日電訊報》（*The Daily Telegraph*）與英國電信指出，女王每日早上八點半享用的早餐都是裝在特百惠的器皿裡。想要保持健康的話，請使用特百惠。」

• 產品四：大螢幕電視機。
• 話術四：最有效的批判對象是電影院，因為幾乎每次只要以電影院為批判對象，電視機的銷售量就會提高。可以這麼說：「與其去電影院，不如在家裡好好欣賞電影。要看電影，您不用非得到那陰暗、充滿霉味與灰塵、椅子被別人坐過的電影院。在家中的明亮光源下看電影吧！

「您可以盡情把腳伸直、大聲嘻笑、牽手擁抱，而且不會看到一半被正在看手機的其他觀眾打擾。您還可以在中途放心的去上廁所。電影結束後，您不用在電梯前面排隊等待，也不需要繳停車費。就像穿上一件最令你感到舒適的衣服，看電影，也以最令你舒適的形式來享受吧！」

2 罵人會被告，所以你得用普遍化降低風險

剛開始經營我的個人公司時，由於野心很大，所以為客戶產品提供諮詢時，經常運用很強烈的批判性語言。雖然效果都能立即顯現，但偶爾會出現副作用，即競爭對手的反擊，從某方面來看，這是理所當然的事情。

如果LG電子批評三星電子並強調自家產品更好，隔天馬上就會收到傳票。批判性策略的效果確實很強，但缺點是容易導致企業對立與遭受對方的反擊。

攻擊普遍化的對象

批評是有風險的，因為對方可能會報復你，你不笑別人頭禿，別人也不會笑你眼睛。對任何企業扔石頭，對方可能馬上就以子彈反擊。但是，**有一個很好的方法，就算你再怎麼批評對方也不會產生問題。你批評得了對方，但對方攻擊不了你，那就是「普遍化」**。

普遍化的做法不針對任何特定企業或商品，也不是針對消費者所認知的一般商品或特定企業的商品，而是將常見的資源、情況、環境或普通名詞化的概念等，基礎層次的對象作為

媒介批評。簡言之，**與其攻擊特定企業，不如將自家產品外的所有競爭對手都化約為一個攻擊對象，使其普遍化**。你必須主張「業界的產品普遍都存在某種問題或界限，但我們的產品與眾不同」。從某方面來看，也等於孤立自家產品，並將其他產品一貫視為次級。

這種做法不會攻擊到任何特定商品或品牌，因此風險性較低。如果攻擊特定商品，不僅自己可能反遭攻擊，消費者也可能會以為你的公司與對象公司交惡，而懷疑你公司的企業文化有問題。但是，只要採用普遍化的做法來批評，就可以避免產生上述問題。

我舉一個簡單的例子來說明。假設你要銷售漢堡，但大部分的人都認為漢堡無益於健康。這時，如果將普遍常見的馬鈴薯作為批判對象：「您知道嗎？天然馬鈴薯所含的糖分比相同重量的漢堡更多！但吃馬鈴薯的時候，卻沒有人會擔心攝取過多糖分，甚至連以馬鈴薯為主食的人也不曾擔心過。你並不會每天都吃漢堡，只會偶爾吃一次，不是嗎？所以，開開心心享用就對了！」

這段話並沒有主張「漢堡比馬鈴薯好」，所以種植馬鈴薯的業者也沒理由生氣或抗議。**只要找到一個普遍化的對象，批評它，就不用怕會冒犯到任何人，可以輕鬆的提升自家產品的地位。**

我的公司也協助企業進軍美國市場及維持其產品的穩定銷售。這幾年，海苔在美國的銷售成績越來越好，美國人越來越接受海苔，一間公司一年就可以創造一千億韓元的銷售額。因此，越來越多業者前來委託我的公司。最近，我們接到一個新類型海苔點心的委託案，特別針對美國人的口味而設計，所以比競爭對象商品更鹹也更甜。但這種商品的風險是，起初可以引起消費者熱烈反響，但只靠味道來競爭的話，銷售成績可能很快又會下滑。

另一個煩惱是如何針對美國市場上既有的同類型商品為批判對象以進行廣告宣傳。如果明目張膽的批評其他商品，後果可能很難承擔。因此，我們決定主打「營養成分與眾不同」，在包裝上強調「這一包點心裡，即含有相當於美國FDA標準之下四顆雞蛋的維生素，以及相當於一盤鰻魚的蛋白質！」。這裡使用的普遍化對象為雞蛋與鰻魚。即使批評這兩種東西，也不會為海苔業者帶來太大的問題。

在特定情況之下，我們總會想起某些特定事物。例如，說明手機或電梯按鈕上面有多少細菌時，人們經常將馬桶作為犧牲對象，說它「比馬桶髒多少倍」；要強調含有大量維生素C時，會說「比檸檬多了多少倍」，把檸檬作為犧牲對象。這種做法總是能夠發揮效果。就像「鹿尾菜是日本人很常食用的海洋藻類，含有豐富鈣質」及「鹿尾菜所含有的鈣質是牛奶的十三倍」這兩句話的效果是有差異的，後者令消費者更有感。

這種普遍化的批判做法也可以更直接。韓國「Lina」人壽保險公司推出牙齒險商品之前，我幫忙撰寫了銷售話術。商品剛上市時，簡直像獨自在一片無主地上蓋房子，都沒有任何競爭對手。但不久後，幾間同業開始推出類似商品，最後變成消費者購買任何一種牙齒險都不會有太大的差異，沒理由非得選擇Lina人壽保險公司的商品。

於是，我將同業的所有商品都普遍化用批判性語言說：「假設你現在想吃泡菜鍋，你會選擇像小吃店一樣賣各種餐點的店家，還是一直以來只賣泡菜鍋的專賣店？當然是後者。Lina人壽保險公司也屬於後者，過去十年來，我們只專注於牙齒險，努力回應顧客需求，並持續提升服務品質。我們擁有非常完善的資源及系統，要購買牙齒險，請選擇Lina人壽。」

雖然除了牙齒險以外，Lina人壽保險公司還有其他保險商品，但這段話會讓消費者認為該公司的主力商品就是牙齒險。至今，這段銷售話術依然被應用著。

猶豫是否購買數位單眼相機的最大原因就是認為它應該很重。所以，在購物節目上銷售數位單眼相機時，我永遠都會帶著瓶裝水或星巴克咖啡。要強調數位單眼相機「比○○○更輕」的時候，我沒有選擇競爭對手的產品，而是普遍化的產品。

實際上，佳能**EOS200D**與尼康**D5500**的重量都是四百多公克，一罐五百毫升的瓶裝水為五百公克，星巴克大杯的容量為四百七十三毫升。沒有人會認為一罐瓶裝水或一杯大杯外帶咖啡重得無法帶著走，所以，當你澄清「相機重量甚至比較輕，以『重』為理由而不買根本毫無道理」，銷售量就上升了。這個方法不僅應用在購物節目上，也應用在線上賣場。

近幾年，韓國市面上出現很多不同款式的蓮蓬頭，讓消費者有很多選擇，且大部分都主打可釋出負離子。「Pure Rain」蓮蓬頭的廣告便告訴消費者，尼加拉瀑布每立方公分的水可釋出十萬個負離子，但Pure Rain蓮蓬頭可釋出的負離子是尼加拉瀑布的四倍。此處，普遍化的對象變成瀑布，你再怎麼批評，它也不會反擊。像這樣，當你以普遍化的事物作為批判對象時，風險會變得很低，批判性策略的運用變得很安全。

3 批判全體，使自己一枝獨秀

以普遍化的事物作為批判對象時，好處是不太會被特定競爭對象反擊。另一點是，因為批判對象不是只有一個，而是全體，除了自己以外的都貶低，所以能夠提高自家產品的存在感，並傳遞出更強力的訊息：其他的都比不過我的。

自己以外的都貶低，並強調自己的優勢

最近，連鎖洗衣店越來越多，價格差異卻不大，因此業者的辨識度越來越低。韓國連鎖品牌「Cleantopia」的廣告告訴消費者，「如果Cleantopia洗不掉，其他店也洗不掉」，把其他所有店都比下去，就是普遍化的策略。

「麒麟一番搾啤酒」舉辦快閃店活動時，如此批評其他品牌的啤酒：「我們只萃取第一道麥汁。釀造啤酒時，要將麥芽蒸過、壓濾與搾汁，如此所流出的第一道麥汁非常甘醇、順口，第二道麥汁就比較淡、澀而苦。市面上一般啤酒都將第一道麥汁與第二道麥汁混和後再使用，以降低成本。市面上所有啤酒品牌都是這麼做，而麒麟一番搾啤酒是全球唯一只使用

第一道麥汁的頂級啤酒。那麼，第二道麥汁是直接丟棄不用嗎？沒錯！完全不使用！第二道麥汁應該用於禽畜飼料，人們卻吞下肚了。」

這段話將其他所有啤酒都概括為一個整體，並且狠狠的將他們比下去。把其他產品都作為跳板的時候，自家產品的地位瞬間就被提升了。

「SPC-SNU 70-1」，這是家用電器的型號嗎？不，這是韓國麵包店「Paris Baguette」麵包酵母的名稱，他們稱之為天然酵母或本土酵母。但企業不會只是止步於此，Paris Baguette 稱「除了自己以外的所有麵包店都使用商業酵母」。這句話瞬間讓其他所有麵包的賣相都變差了。事實上，酵母真的有「商業用」與「非商業用」之分嗎？Paris Baguette 的酵母難道就不是商業用的嗎？

LG生活健康公司的「su：m37青春奇蹟活酵肌祕露」標榜是在溫度三十七度環境下發酵而成的保養品，自稱「自然發酵保養品」。他們一樣是批評除了自己以外的所有產品，稱之為「人工發酵保養品」，指使用人工化學物質、在短期內發酵完成的保養品。如此，靠著批判的力量，可以向消費者傳遞出比純粹強調自家產品時更強力的訊息。

互相比較時，不要只是說自己不同於別人，應該強調自己比別人更好，才能獲得比其他產品更多的優勢。

我為教育出版公司「熊津Think Big」製作影片及提供銷售訓練時，對於「為何選擇熊津教材」這項疑問，我這麼回答：「閱讀熊津教材而長大的孩子，在學校的學科分數會高出二十分」。這麼說，等於批判沒有閱讀熊津教材的孩子。「熊津教材每頁含有的生詞是其他教材的三到五倍。」如此，不只凸顯了熊津教材與其他教材不同，更指出優勢何在。

接下來，我介紹幾個運用普遍化批判策略的乳製品案例。

首爾牛奶公司「有機起司」的廣告文案是：「有機起司很多，但獲得LOHAS認證的只有首爾牛奶起司！」沒有批評特定競爭對手，而是批評全部，並強調只有自家產品比較出色，使自己獲得優勢。

賓格瑞公司的希臘優格「Yopa」以牛奶含量為市面上既有優格的三倍而自豪。由於沒有具體明說是哪種既有優格，所以其他競爭對手也無從反擊。

每日乳業公司的無糖優格「Bio」添加了大量的優酪乳而製成。你可能會認為，「優格都差不多，有什麼不同？只要一瓶鮮奶和一瓶優酪乳，自己在家裡也可以做。」因此，他們運用普遍化批判策略，表示：「法律規定了市售優格的乳酸菌含量應該達到的標準，每公克應含有一千萬隻以上的乳酸菌才可獲得產品認證。不過，我們的產品，每公克含有一億隻乳酸菌，是一般優格的十倍。所以，吃一個我們的優格等於吃十個其他品牌的優格。當別人吃十個而你只需要吃一個，多麼事半功倍呢？從價格上來看，也划算多了！」

他們只是表示自家優格的乳酸菌是一般優格的十倍，並未針對特定品牌，所以能夠降低引起麻煩的可能性，並凸顯自家產品的優勢。

南陽乳業的優格「舀起來吃的milk100」為百分之百的乳製品。其他品牌的優格，從九五％到九九％都有。當消費者認為那幾個百分點的差異並不重要，打算任意購買其中一種的時候，南陽乳業的賣場試吃人員會說：「純金度九九・九九％的九九九九純金，以及純金度九九・九％的九九九純金，兩者的價格天差地遠。那麼，九五％的鮮奶與百分之百的鮮奶，兩者的差異更不用說了，那其中的五％是加了什麼奇怪的東西呢？就是明膠、乳化劑、修飾澱粉等化學物質。您花錢買優格是為了買乳酸菌，而不是為了買化學物質。」

近幾年，韓國低溫殺菌鮮奶的市場快速發展。最早投入的業者為巴斯德鮮奶，後來，康誠元鮮奶、日東Foodis鮮奶及每日乳業也紛紛加入。

低溫殺菌鮮奶要在市場上生存下去的話，就要利用普遍化，以一般鮮奶為批判對象：「大部分的鮮奶都是經過兩秒的一百三十度高溫瞬間殺菌而成。但那大概不能叫『殺菌』，而是『滅菌』吧，連好菌也一起消滅了。相反的，低溫殺菌鮮奶是在六十三度左右的溫度下，經過三十分鐘的長時間殺菌而成，能夠保留好菌、不流失維生素、不使蛋白質變性，亦不會減少鈣質的攝取，是最接近自然狀態的健康鮮奶。」

使用「終於」、「總算」、「還」

接下來，我將介紹有關如何利用普遍化批判策略、幫助新產品成功上市的一項屬於我自己的祕訣。很多企業會委託我協助新產品上市，但後起的產品要打敗先前的產品並不容易。

先前的產品已經占有一定的市場，所以很難乘虛而入。如果攻擊得不夠到位，反而會落得淒慘的下場。

但是，有一種攻擊方法不需要攻擊競爭對象產品，就是使用「終於」或「總算」這兩個詞的其中一個：「終於誕生一雙能保護腳踝的運動鞋！」只要使用「終於」這個詞，就能凸顯這雙運動鞋的獨一無二，並暗指市面上既有的運動鞋都沒有相同特點。如果其他品牌對此提出異議，只要否認說：「並不是針對你們的產品，而是指我們的系列產品之中。」

如果是食品，「終於／總算去掉〇〇了！」這句話很好用。例如，「即溶咖啡革命！您等待很久了吧？咖啡『終於』不含乾酪素鈉！」這樣就會讓其他品牌的即溶咖啡顯得像是添加了不好的成分。

很多人以為乾酪素鈉是人工化學物質，事實上，它是從牛奶中分離出來再乾燥後的蛋白質，含有豐富的胺基酸，也是食品醫藥品安全處核可使用的安全食品添加物。但是，其中的「鈉」經常被誤以為像某種劇毒物質一樣，很多人避之唯恐不及。因此，消費者只要看到這句話，日後都會查看即溶咖啡是否含有乾酪素鈉，並且迴避含有乾酪素鈉的產品。利用這種方法，就可以輕鬆超越既有產品，讓消費者注意到你的產品。這種方法說好聽點是「普遍化」，事實上就是將所有競爭對手都一網打盡。

使用普遍化批判策略時，可以一面觀察市場脈動，一面調整手段強度，選擇要暗中或者正面攻擊競爭對手。例如，「你還在喝含有農藥的咖啡嗎？馬上就來體驗百分之百的有機咖啡『coffee pantry』！」

這句話不僅暗指「我們的產品不含農藥」，更暗指「其他產品都含有農藥」，卻不會顯得像是在批評其他產品的其中一部分或者全體，能夠暗中壓制對手。

「Paul Bassett」咖啡廳從不僱用工讀生，只僱用專業咖啡師。如果他們宣傳道「我們的員工皆為專業咖啡師」，便可以隱隱批評其他咖啡廳是工讀生在煮咖啡，所以專業度下降，並且凸顯自己的高級感。

我們的酒不摻水！

介紹了低調而含蓄的批判方法後，接著要介紹更強力的批判方法。

「全世界九九・九六%的鑽石都不符合蒂芙尼公司嚴格的鑽石等級標準。」這句話等於讓消費者誤以為除了蒂芙尼的鑽石以外，其他的鑽石都是不良品。雖然這是很強烈的批判，看起來很有風險，但事實上並不然，因為內容並未針對任何特定公司，所以遭受反擊的可能性很低。

床墊品牌「丹普」（TEMPUR）提供五年的免費保固服務。他們表示：「國內彈簧床墊只有免費保固一年，但我們提供五倍的保固服務，因為我們的產品就是這麼優質。」他們並未攻擊「雅思」或「席夢思」等特定品牌，而是批評自家品牌以外所有床墊的品質都不夠穩固。這是強度更高的批判法，不是只批判一、兩個品牌，而是批判全體。

某房地產仲介公司的售屋廣告寫道：「不要被誇大過後的樣品屋給迷惑了！實際上根本沒有那種房子存在！」意思是「只有我誠實展示房子給顧客，其他業者都在欺騙」。這樣的批判內容並未提到特定業者的名稱，因此相對較無風險。普遍化批判策略效果更強烈，也讓自己更安全。

某高爾夫用品店裡，一名身材苗條的女性顧客正在試用高爾夫球桿，感受其重量。這時，只要在旁邊說一句：「這款鐵桿的重量比以往的款式輕三〇％，所以臂力較小的女性也可以輕鬆揮桿。」這裡所說的「以往的款式」能夠發揮出可怕的力量，因為沒有人知道你指的是同品牌的、其他品牌的、好幾十年前的、顧客原本使用的，還是市面上剛推出不久的。於是，顧客就會隨意解讀為「比她所想的那一款更輕」。這種批判性語言很容易就能擄獲顧客的心。

「我很真誠」與「只有我很真誠」，這兩句話有很大的差異，因為後者屬於批判性語言。英國維珍集團（Virgin Group）的創辦人理查・布蘭森（Richard Branson）總是將自家企業包裝為「正義騎士」，每次展開新事業時都會主張市場上的既有企業道德敗壞、行徑惡劣，所以他決定站出來奉獻自己，替消費者解決問題。事實上，他也是為了獲利，但他運用了批判性策略，稱自己以外的企業都是無良企業。

有趣的是，這種方法總是能夠發揮效果。英國民調機構ＯＲＢ的調查結果顯示，消費者普遍認為維珍集團是「真誠的企業」且穩坐前幾名。

某日，韓國農協統一量販店的員工告訴我：「四大量販店裡，只有我們不曾因為對供應商施壓而被罰（公平交易委員會的資料顯示，Homeplus被罰兩百二十億韓元、E-mart被罰十億韓元、Lotte Mart被罰八億韓元，農協未曾被罰）。只有農協不把供應商當小弟，而是視為夥伴。」這句話同樣運用了批判性語言，將其他業者都評為進行不正當施壓的企業。

韓國國內的啤酒市場長期以來都是由「OB啤酒」與「Hite真露」兩大品牌所掌控。但是，樂天酒業的「Kloud啤酒」卻在這兩者之間成功突圍而出。他們運用批判性語言，針對其他所有品牌，表示「我們的酒不摻水！」，暗指市面上既有品牌的酒都摻了水。但這句話合理嗎？沒有水，怎麼可能釀得出啤酒？但能夠看出蹊蹺的消費者卻不多。

「起始比重」（original gravity）是指麥芽成分與水的比率。假設某啤酒的起始比重為十，代表裡面含有十克的麥芽成分與九十克的水。起始比重值越高，啤酒越濃醇。韓國國內三大啤酒品牌的起始比重都在十到十二之間，沒有太大的不同。但仔細比較的話，很有趣的是，「OB啤酒」的起始比重最高，「Kloud啤酒」的起始比重反而比較低，代表它的含水量更高。在廣告上，他們卻宣稱：「我們的酒不摻水！」以暗批其他品牌。

可見，那不過是一種說法而已。所有的啤酒都是將大麥、水、啤酒花進行混合、發酵、熟成後，形成酒精濃度六至七%的原液，再加水調和為濃度四%左右的啤酒。「Kloud啤酒」唯一的不同，就是發酵階段即達到酒精濃度五%，接著就裝瓶。但消費者怎麼會知道這些呢？總之，「Kloud啤酒」確實打進了市場，取得一席之地，其批判性策略可以說是成功了。

比起說「我們的產品是一流的」，不如說「除了我以外的所有產品都只是二流」，這樣的批判性語言更有效。

聽到他說話，我就想買！

- 產品一：麒麟一番搾啤酒。
- 話術一：批評其他品牌的啤酒：「我們只萃取第一道麥汁。釀造啤酒時，要將麥芽蒸過、壓濾與搾汁，如此所流出的第一道麥汁非常甘醇、順口，第二道麥汁就比較淡、澀而苦。市面上一般啤酒都將第一道麥汁與第二道麥汁混和後再使用，以降低成本。市面上所有啤酒品牌都是這麼做，而麒麟一番搾啤酒是全球唯一只使用第一道麥汁的頂級啤酒。那麼，第二道麥汁是直接丟棄不用嗎？沒錯！完全不使用！第二道麥汁應該用於禽畜飼料，人們卻吞下肚了。」
- 產品二：有機咖啡「coffee pantry」。
- 話術二：「你還在喝含有農藥的咖啡嗎？馬上就來體驗百分之百的有機咖啡『coffee

pantry』！」

- 產品三：床墊品牌「丹普」（TEMPUR）的床墊。
- 話術三：「國內彈簧床墊只有免費保固一年，但我們提供五倍的保固服務，因為我們的產品就是這麼優質。」

4 淡化策略，分散顧客對你缺點的關注

這世上不存在十全十美的產品，每一種產品都有它的缺點。不過，批判性策略能夠分散自家產品的可能缺點，讓自家產品的問題被稀釋掉，這種策略稱為**「淡化策略」，指將批判的矛頭轉向他人，以淡化他人對自己的批評**。

假設你是銀行行員，想要推薦儲蓄型商品給顧客。為避免不當銷售（未提供顧客相關必要資訊，致使顧客日後蒙受金錢或情感上的損失），你必須逐項說明要點，甚至包含不利顧客的條件。「您將來會獲得這麼多的利息，但其中必須扣除一五・四%的所得稅（適用於韓國）。」顧客可能會立刻回：「不對啊，我那麼努力存錢才得到利息，卻要扣那麼多稅？如果我的利息有一百萬韓元，國家就要拿走十五萬四千韓元，憑什麼啊？存錢還是算了吧！」

這種時候，就要運用淡化策略：「親愛的顧客，其實，韓國的稅率已經很低了；荷蘭的利息所得稅是六〇%，超過利息的一半；德國的利息所得稅也有五三・八%；美國的利息所得稅則是四〇%；但那些已開發國家的人民依然很努力存錢。如果他們知道韓國的稅率是這樣，一定會很驚訝，而且，應該會很想請你幫他存錢吧！」

如果這麼說，原本可能發怒的顧客便可能反過來感謝你，你也能多少淡化一些你所受到

的批評。

很多人猶豫是否購買智慧型手錶的最大原因就是認為螢幕太小，怕不好用。這時，你當然會運用批判性語言，以智慧型手機為批判對象，提出它的多項缺點：要用手拿、在外面吃飯時暫放桌上有可能遺失、運動時也必須拿著跑步等，接著指出智慧型手錶只需戴在手腕上，便可以隨時隨地、輕鬆瀏覽訊息，非常好用。

另一方面，你也可以藉傳統手錶來淡化智慧型手錶的問題：「您是否曾經覺得傳統手錶不好用、令你感到煩躁？最近，傳統手錶的錶面都塞滿了計時器、指南針、高度計等機芯非常複雜。但是，您會嫌傳統手錶的螢幕太小，讓您看不清楚嗎？同樣道理，沒有人會認為智慧型手錶的螢幕太小而不好用，所以是多慮了。」

本章重點

素食者經常被問一大堆問題：「牛肉也不能吃？」、「涮涮鍋也不行？」、「泡菜鍋裡的也不吃？」我有一個朋友是素食者，他經常只用一句話很簡潔的回答：「只要有長臉的都不吃。」這一句運用批判性語言的回答總是立刻讓對方沉默下來。

我想提醒各位，運用批判性語言進行廣告行銷時，千萬不要演變為「骯髒行銷」或「誹謗行銷」。舉例來說，新加坡最大的電信公司「新電」（Singtel）的原則之一就是「行銷時不誹謗其他業者」。鬥雞比賽裡，最厲害的雞被稱為「木雞」（木製的雞），指不輕易因為對方挑釁而動搖，任何時候都能夠保持沉著。但時代不同了，因為人人都必須經歷「不是你死，就是我亡」這種關乎生存的根本問題。

這世上，沒有產品是沒有競爭對手的，與自家產品雷同的競爭對象多不勝數。最終，消費者所選擇的，如果不是自己，就是別人。因此，企業都不停互相批判，因為只有適者才能夠生存。而且，不痛不癢的攻擊是無效的，應該打到讓對方站不起來。不這麼做的話，當你的競爭對手東山再起時，他會毫不留情的把你踩在腳下。

看完我所舉的例子，你可能會想「我是不會那麼做的」。但請記得，無論你會不會做那樣的事，此刻，你的競爭對手都在全力批判你的產品。不是他死，就是你亡。

第 8 章

語言壓制，先開口就贏一半

1 對方還沒問，我就先回答

打電話給我的人，第一句話都是：「您現在方便講電話嗎？」所以，每次接起電話，我不會說「喂」，會說「我現在可以講電話」。接著，對方就會猶豫一下，笑出來，並且立刻切入正題。

別人見到我的時候，第一句話都是：「最近是不是很忙？」所以，與人見面握手時，我都會先笑著說：「我最近不忙。」那麼，對方就會開口到一半就笑出來。

所謂「先發性語言」，指事先察覺對方的心思並在他說話或行動之前先發制人，或者事先料想顧客消費時可能遇到的障礙並去除。更白話的說，在對方行動之前，就先解除他的武裝、使他閉嘴，又可以稱為「言語壓制」。

照理說，在電視新聞上看到犯罪嫌疑人應訊、出庭，民眾應該感到痛快才對，卻往往看得一肚子火，因為記者經常提出沒有意義的問題：「可以請你說一句話嗎？」那麼，犯罪嫌疑人絕對不會說任何話。這時，記者不如先料想犯罪嫌疑人會說的話，先發制人的說「除了『我會誠實配合調查』，請你說句話」，就可以避免對方講出大家都猜得到的回答。但是，這個策略如果只用來讓對方閉嘴的話，沒有什麼幫助。當你能夠預見對方心裡的顧慮和不安時，應該運用先發性策略，淡化或消除對方的疑慮，減少對方的消費障礙。通常，在商務場合，雙方一坐上談判桌之後，便經常使用先發性語言。

在對方提問之前回答他

一間位於首爾市鐘路區的企業委託我提供諮詢，那幾天，我都是上午前去拜訪。該企業沒有員工餐廳，所以午餐時間必須到外面吃飯。突然，我看到一間外觀老舊的餐館，屋頂是石板瓦，入口很小，一看就覺得店家只收現金。而且，餐點價位都很低，如果用完餐後拿出信用卡結帳，想必會遭白眼。我在裡面用了幾次餐，都以現金結帳。

某次，我身上的現金不夠，一時不知如何是好，老闆卻若無其事的說「刷卡也可以」，我便告訴他：「我從事行銷工作，其實這附近有很多上班族，大部分的人都習慣刷卡結帳，如果您在店門口寫『可接受刷卡』，客人應該會增加不少。」

幾個月後，我又到那間餐館，店門口真的寫了「可接受刷卡」。老闆告訴我：「門口貼出那句話後，真的來了很多上班族，都很自然的拿出信用卡結帳。而且，也開始有公司在我這裡舉辦聚餐，用公司卡買單。」

在我公司所打造的產品語言裡，這類型的語言，我稱為「先發性語言」或「先發性語句」（先看出對方的心思，再透過語言擊破）。

某次，我出差到大田市，在車站裡看到某店家在賣涼粉。「要吃完再走嗎？」但我時間不夠，店裡的幾個位子也已經坐滿了。就在我無奈的準備轉身離開時，我看見店門口寫著「外帶一分鐘內」。因為這一句話，我外帶了一碗涼粉，還刻意推遲搭車時間，留下來觀察那間店。很有趣的是，很多人因為那句話，買了外帶後就走。那間店可以說是靠那一句話而經營下去的，他們積極向顧客展現出自己的優點。假如他們委託我，我會寫：「五十五秒內完成外帶！」

我在韓國外食產業研究院講課多年，認識了很多餐飲店老闆。某天，我為一個雪濃湯連鎖餐廳品牌提供諮詢。由於我的工作是利用語言來行銷，所以我審視了店內的行銷用語，並且協助修改。

就像一般的雪濃湯餐廳，店內每張桌子都放有白菜泡菜和蘿蔔泡菜，顧客想吃多少就拿多少到自己的盤子裡。大部分的雪濃湯餐廳都是這樣讓顧客自行取用泡菜，不像其他餐廳是由店員給的，因為人們習慣一邊喝雪濃湯，一邊搭配泡菜吃。

顧客自己想吃多少就拿多少，是不是就不會產生廚餘？怎麼可能！從餐廳的經營狀況報告來看，廚餘量也不亞於一般餐廳。但餐廳老闆從未想過要深入了解原因並改善這項問題。為何讓顧客自行取用泡菜，最後反而會產生比一般餐廳更多的廚餘？原因很簡單，因為顧客由經驗衍生出了某種預期心理。你可能也遇過這種情況：你拿完泡菜不久後，店員就把你桌上的泡菜拿去別桌。有了這類經驗以後，顧客從此在一開始就拿取更多分量的泡菜。

我決定在每桌的泡菜旁邊寫著「泡菜不會離開本桌，每次請只拿一點」。這一個先發性語句，使該連鎖餐廳全國各地分店的廚餘量都明顯減少了。從結論上而言，光憑一句「有意義的話（先發性語句）」就能減少泡菜的採購成本，每年都省下好幾百萬韓元。

在餐廳用餐時，顧客通常都會擔憂這些：吃生菜時擔心「有洗乾淨嗎？」、吃免費小菜時擔心「該不會是回收前面的客人吃剩的吧？」、看著碗盤想著「有像家裡洗得那麼乾淨嗎？」、一邊喝湯一邊想「一定加了化學調味料吧？」，內心深處總會擔心這些。

因此，我想出許多先發性語句，可以放在餐廳各處：「筷子、湯匙皆經過沸水消毒。」、「我們不會以您使用過的紙巾擦桌子。」、「我們不使用化學調味料。我們也不使用精鹽或海鹽，我們使用竹鹽。」、「我們沒有藝人的簽名。藝人的喜好不是絕對真理。請勿追隨藝人的喜好。藝人去過的餐廳不一定都是美食。」

洗手間也寫了「因為您將這裡保持得這麼乾淨，讓我們不需要打掃，好幸福」。此外，大部分的雪濃湯都會附上辣椒作為小菜，而且大多為青陽辣椒，辣得讓人吃不下，只是點綴用的。可是，餐廳應該提供顧客真正可以吃下肚的小菜。所以，我也請店員事先告知顧客「這是小孩也可以吃的青辣椒，很爽口，而且不會辣」。如此一來，店家可以在顧客想到之前就先做到位。

在餐廳裡，顧客經常要大聲喊才有辦法請店員過來。連鎖餐廳「四月的大麥飯」便利用先發性語言提高顧客對於服務的期待，在店內寫「顧客叫店員是『使喚』，店員先上前是

『服務』」。

利用先發性語言，拐個彎先發制人

習慣自己在家醃泡菜的人通常認為「市售泡菜不值得信任」。所以，如果業者在泡菜的外包裝上寫了先發性語句，便可以提高銷售量：「您可透過網站上的高畫質即時影像，觀看泡菜的製作及包裝全流程。」雖然消費者不太可能真的一邊吃著泡菜一邊觀看製作過程，但這句話有助於獲得消費者的信任。

也有餐廳在廚房裡設置監視器，將料理過程展示給顧客看，以化解顧客的疑慮。如果你經營餐飲店，你可以由上述段落得知顧客通常擔心什麼或思考什麼。那麼，現在就運用先發性語言來消除顧客的疑慮。

例如，店員送上小菜時，原本都會說「不夠的話，請跟我們說」；如果改成「小菜吃完之前，我們會自動幫您補充」，顧客聽了會更高興，而且那並不難做到。

有時，明明買的是新品，打開後卻發現不是，買床墊就會碰到這種情況。因此，某業者在床墊上面標明「本床墊不使用回收料，經過社團法人韓國床墊協會認證，偽造本商標者將受刑罰」利用先發性語言，使消費者安心。

也有越來越多飯店或汽車旅館標明「本○○旅店獲區政府評選為最佳旅館，寢具一定會進行更換」，告訴顧客他們絕不重複使用上一組客人使用過的寢具，一定會更換為洗淨後的新寢具。

很多人認為看牙醫時用來清洗口腔的水為自來水。因此，江南區MCG牙科診所利用先發性語言，告訴顧客「為了您的牙齒健康，本診所使用滅菌處理過的水」。

不時有新聞報導，某些無良加油站欺騙顧客，收更多錢卻加更少油。於是，某加油站在入口處大大的寫著：「我若欺騙顧客，禍延子孫三代！」這麼一來，顧客就會更信任、更常光顧。

有些客服人員會因為顧客的謾罵或侮辱而吃不少苦。其中，又以汽車業最為嚴重，很多愛車如命的人只要發現車子有任何小毛病，就會打到客服中心破口大罵。因此，韓國通用汽車的客服中心會讓打電話過來的顧客先聽到一段小孩的答錄語音：「我最愛的媽媽會為您提供諮詢，請稍等一下。」

這是在告訴顧客，即將與他對話的客服人員也是某人的家人、某人的媽媽，希望顧客能夠溫柔以對，並事先緩和顧客的怒氣。據說，採用這個方法後，情況明顯改善許多。

我的妹婿同時經營洗車店與車體美研中心。遇到下雨天，洗車店就沒有生意；冬季寒流來襲期間，更是漫長的洗車淡季，因為車主擔心洗車後的水氣會快速結冰。於是，我建議妹婿在寒流期間額外放置標語在洗車店外，說「天氣冷也可以洗車」、「用熱水讓愛車暖和起來」，這些句子一定能夠在冬天的淡季裡發揮效果。

我曾經替農業協會構思產品包裝上的文案。這幾年，消費者購買農產品時，最擔心農作物是否經過某些奇怪的人為改造。在這個時代，人類食物所來自的土地已經不再正常，天空會下酸雨，地上會噴灑農藥。

在這種情況下，如果不使用化學物質，就無法順利收成。試著買黃瓜籽，自己種植看看，你會發現，歪的、圓的、粗的、扁的，各種奇形怪狀都有，但絕不會長出我們在超市裡看到的細長又漂亮的黃瓜。我們買到的農產品都經過人為干預，所以現代人越來越容易生病。我們已經很久沒有吃到自然狀態下生長的農作物了，但農業協會的產品就是這種類型。

我為農業協會產品所寫的行銷文案：「非基因改造農產品，未施予任何化學肥料或養分，而是按照自然狀態，吸收土地地力，順應時間生長。」最外面的包裝上則寫：「看似最輕鬆，但今日最困難的事，就是吃到最接近原始狀態的大自然。」該產品最近在市場上獲得了很好的銷售成績。

走進化妝品店或服飾店，如果店員一直跟在你身後，緊緊盯著你，你的心情會是如何？一定很不自在。店員以為他是在為顧客進行導覽，其實顧客只感受到購物壓力。不僅店員的目光會害顧客綁手綁腳，店員緊跟在旁，本身也會妨礙顧客購物，如果顧客悄悄向前移動，有些笨笨的店員仍會緊跟上去，害顧客在心中大喊「走開！閃一邊去！」以服飾店顧客為對象的問卷調查裡，有人認為，如果店員一直跟在身邊，會感覺自己被視為一個潛在偷竊犯。

化妝品品牌「Innisfree」注意到這一點，某些分店因此在入口處放置兩種籃子；一種寫著

「我需要協助」，另一種寫著「我想自己逛」。如果顧客提的籃子是後者，店員不會湊上前去。所以，如果服飾店裡寫著下面這段話，想必會好很多：「您想要輕鬆逛逛時，走在您的旁邊會讓您有壓力吧？需要協助的話，請隨時告訴我們。與其過度親切，我們更以您的舒適為優先。歡迎您慢慢參觀選購。」

「說在前頭」勝過「事後開口」

我曾經為許多服飾品牌提供銷售諮詢與指導，所以，在服飾店裡，我都會特別留意店員的話術。尤其當我聽到品牌負責人提到某分店店員的實力不同凡響時，我一定會去該分店看看本人。

有個店員令我印象深刻，他是科隆集團旗下品牌的員工。他總是提早一秒將顧客心中的想法說出來，彷彿他讀得到顧客的心思。如果顧客穿著他想買的褲子或裙子，站在鏡子前看著自己，正準備說「褲子要等減肥後再買了，我先買裙子就好」，他會先告訴顧客「這個尺寸對您來說剛剛好，如果您打算以後減肥了再買，就會錯過您好不容易看中的衣服」，而淡化顧客原有的想法。

開車前往仁川機場的路上，必定會行經永宗大橋或仁川大橋。我想，應該沒有幾個用路人不曾在繳納通行費後爆出髒話吧。以中型車來計算的話，過那幾分鐘的橋就要繳交一萬韓元的通行費，網路上也有很多人留言表達不滿：「如果時速一百公里，幾乎等於用秒在計費」、「橋上是有鍍金嗎？」、「早知道就游泳過去」等。

因此，韓國道路公社在橋的中央寫了先發性語句，「對方正在等著我，感謝這座橋帶我抵達心愛的人所在的地方」，像是在呼籲用路人理解並珍惜這座由很多人辛苦建造完成的橋樑，用路人才有辦法見到他心愛的人。同樣的，走在高速公路上，如果行經上方正在興建橫向大型橋梁的路段，用路人總會感到害怕，這時就會看到先發性語句，寫道「無須擔心安全，敬請放心駕駛」。

路過某工廠時，看見工廠的煙囪正在冒煙。下方便有大型橫幅布條寫著「煙囪排放的不是廢氣，是類似呼吸時自然產生的水氣」。這一句話能消除路人心中的不安，減少不必要的民怨，使用得很恰當。

演員馬東石主演的電影《冠軍大叔》上映前，片商包裝為「韓國國內首部腕力動作片」，並事先預告「不是犯罪片」、「不是暴力片」，以表示電影題材並非觀眾已經看膩的類型。這樣的先發性語言能夠糾正觀眾的想法，避免觀眾根據演員的形象與過去參與的電影類型就輕易下判斷。

消費者不是笨蛋，你我都知道，消費者之所以猶豫一定有他的原因。如果銷售者假裝沒看見而默默忽略的話，那些原因就會成為消費者購物時的心理障礙。銷售者應該早一步去除那些障礙，這就是為何我們需要運用先發性語言。

很多人認為，量販店傳單上的商品只是用來吸引消費者上門，如果消費者想要尋找傳單上的某種商品，業者只要回答「賣完了」，就已經達到引誘消費者走進賣場的目的。所以，消費者普遍不相信傳單上的廣告商品。E-mart量販店意識到這一點，便事先在傳單上面的商品旁邊標註「保證不斷貨」，表示消費者絕不會白跑一趟。與此類似，房地產與二手車業者也開始使用先發性語言，告訴消費者「若沒讓您看到想看的商品，將予以補償並承擔責任」。

談到蘆薈，很多人會想到中國，因為中國是種植最多蘆薈的地方。因此，蘆薈產品業者紛紛使用先發性語言：優利維樂（Univera）表示「我們的農場規模相當於十二座汝矣島的大小，沒有交給別人管理，而是親自種植蘆薈，研發、生產。我們的蘆薈，連一毫克的謊言也沒有」，以消除外界疑慮；Green Aloe公開表示「我們完全不使用中國產的蘆薈，百分之百使用美國產的有機蘆薈」。在顧客想到中國之前，業者就先採取行動。

人們大多認為，大眾交通工具的座位與把手被很多人摸過，所以充滿細菌，尤其韓國在二〇一五年MERS爆發之後更是擔心。因此，韓國冠岳交通巴士公司運用先發性語言，在車內寫「本公車每日消毒兩次」，以減少乘客對這方面的憂慮。

很多位於小巷裡的通訊行，不會在店外掛出橫幅布條主打最低價或贈品豐富，而是只寫「您不需要跑那麼遠」，便是暗示消費者：大老遠跑到電子商場、3C賣場或量販店，不會比較好。

在連鎖漢堡店「Mom's Touch」點餐時，等待取餐的時間比麥當勞或儂特利都還要久，因

2 當客戶跟我說再想想時，我這樣回應

進行面對面銷售的人，開口的第一句話都很不容易，因為對方的反應往往是拒絕。如果想推銷教材或保險等任何商品，開口之前，對方就會說：「這個我已經有了」、「下次再看看吧」、「我現在很忙」、「我再想想看」、「最近沒有錢」。

聽到這種反應，新手都會感到挫折，高手反而會感到開心，因為高手早就預料到顧客會有哪些拒絕反應，而且眼前的情況正好就在預料之中。如果你的工作也屬於必須直接接觸顧客的「B2C」模式，建議你也試著列出顧客可能會有的拒絕反應。你會驚訝的發現，其實顧客的拒絕方式並不多。

我可以保證，很難超過三十種：「我對那個沒興趣」、「我錢不夠」、「我很忙」、「下次再說」、「給我資料就好」、「我跟家人討論看看」、「我最近沒空」、「我家人也在做這個」，或者「我自己也在做這個」等。

對方的拒絕方式都很容易預測，你不會得到你預料之外的特殊回應。因此，我建議你分別列出對應不同拒絕反應的先發性語句，避免被對方拒絕。

應付拒絕的銷售話術

我曾經為教元集團的內部刊物撰寫一年的行銷專欄，以下是當時我為他們發想的幾個銷售話術的例子。

試著利用先發性語言，避免在街上推銷時被對方拒絕。你對顧客說出第一句話時，對方的常見回答之一是「我很忙」。這種時候，你可以先發制人：「您聽完我的話之後，可能就不會說您很忙了。如果把一天換算為秒的話，一天有一千四百四十分鐘。為了您的子女，我只向您借五分鐘。您借我的那五分鐘，可以換來子女未來不一樣的五十年。

「我也是家有高三準考生的家長，每天都說自己很忙。但是，我們之所以忙，比起為了自己，更多是為了子女，不是嗎？有句話說『事有輕重緩急』，我們應該先做緊急的事、重要的事。但這個世界上，什麼事比子女的教育更重要、更緊急呢？如果您認為有比那更重要的事，我就不再打擾您。」

在街上推銷教材時，經常可以聽到對方回答「我們已經有在使用的教材了」。在銷售現場，這一句話出現的次數就像銀河系裡的星星一樣多。

「原來您已經有在使用的教材了。但是，您衣櫃裡的領帶不會只有一條吧！想必有好幾條可以互換，最多幾十條也有可能。但是，您也不會因為您已經有領帶了，就在逛街時都不看領帶，對吧？您還是會看看有沒有您喜歡的新款式，因為領帶是消耗品，它遲早會舊、會破，或者不合流行。

「對於這種消耗品，您都會保持關心，不斷選購新的。既然您關心領帶的流行款式，那麼，對於日新月異的教育趨勢，您是不是更應該關心呢？教育可以改變孩子的未來。我相信，您絕對不是固守以前的教育方式、已經有別的就拒絕新東西的那種家長。」

或者，你也可以這樣說：「原來您已經在使用別的教材了。但是在賣場裡，雖然每個品牌的鮮奶看起來都很雷同，我們也不會固定只喝某個品牌，而是每次都會站在冷藏區前面比較來比較去。鮮奶喝下肚就沒了，但我們都會想要買到更好的；那麼，關乎子女教育的商品，您是不是也會去了解哪一種更好呢？」

像這樣，運用先發性語言，就能從根本阻止顧客拒絕。另一種經常聽到的反應是「先給我資料，我回家看看（或者和老公討論）再聯絡你」。這時，你也可以運用先發性語言：「很多人都說要帶資料回去看看再聯絡，但那是自我安慰式的想法，因為根據我的經驗，那些資料十之八九會變成廢紙，等於連看也沒看。另外，如果您要自己讀懂，是很困難的。

「現在您站在我的面前聽我說明，也一定會有無法理解的部分，更何況是您回家自己看呢？在這裡把所有細節都弄清楚再離開是比較好的。況且，您應該在您完整理解的當下就做決定，不然，您離開這裡之後，那份熱情很快就會冷卻下來。

「您看過一堆燒得火紅的煤球嗎？如果從那之中取出一顆煤球，會怎麼樣？它的熱度會逐漸冷卻。同樣的，您離開這個充滿教育熱情的地方之後，也會很快就冷卻的。」

3 面對負面新聞，先攻擊等於先防禦

自殺者最常使用的方法是燒炭，不像割腕或上吊需要很大的勇氣，只要買到煤炭就行，所以很多人會選擇這個方法。韓國富川市政府曾經展開「改善速燃炭銷售」的計畫，請三十八個販售速燃炭的店家運用先發性語言以扮演開導者的角色。

剔除負面想法的根源

方法很簡單，如果有人來購買速燃炭，店家問他：「買速燃炭是做什麼用呢？」就可以了。這句話使一年內自殺人數減少了一五％。先發性語言除了可以用來先作為攻擊，也可以先當防禦。

某次，我到韓國的安聯人壽公司演講，其位於汝矣島的總部十分氣派，據說建築物本身就價值一千八百億韓元，果然是歐洲最大的保險公司。但是，韓國的安聯人壽後來僅以三十五億韓元便低價出售給中國安邦保險公司，這會讓顧客變得多麼不安呢？

因此，韓國安聯人壽被出售之後，便釋出廣告：「安聯人壽依然穩健。總資產十六兆韓

元，保費收入兩兆韓元，營業資產報酬率業界第一。」

廣告的釋出時間點非常驚人。新聞報導出售消息之前，他們便搶先一步採取行動。記者還沒開始發布公司被賤價出售、前途迷茫等各種說法之前，他們便運用了先發性語言先做防禦，使他人說不出話來。

要完成一則廣告，必須經過開會、執行、後製、批准、發布等多道程序，所需時間比想像中還要長。但是，安聯人壽卻非常迅速的釋出先發性語句，可見他們很早就開始做準備。該則廣告釋出後，沒有任何記者寫出負面報導。

如果是鉛筆品牌商，應該運用先發性語言，表示「我們種的樹是砍掉的樹的十倍」；如果是人造皮革產品商，應該運用先發性語言宣傳「飼養牲畜所消耗的飼料及產生的排泄物會造成汙染；相較之下，生產人造皮革所造成的汙染少了許多」。如此，就能事先杜絕被非議的可能。

如果是推出柴油車的汽車公司，應該運用先發性語言，澄清「柴油對環境造成的影響不到二%，而且燃油效率反而比較高，耗油量更少，對環境更有益」，以消除消費者的疑慮與負面想法，也可以減輕消費者對於環境汙染的自責。

公務員做任何事都容易被罵。首爾市政府曾經以市民為對象，展開「首爾城市品牌創意徵集活動」，以選出最具城市宣傳效果的口號。徵集活動的廣告裡，一臺舊型電視機下面寫著「如果讓公務員來想，一看就知道是公務員想的」，公務員便是一邊自我嘲諷，一邊先防禦，因為舉辦這種徵集活動時，人們都會說：「真是浪費稅金」、「這活動有什麼意義」、「結果已經很明顯了」。

這個廣告文案正是為了先消除這些反對的聲音，廣告下方還加上一句稱讚：「您就是最了解首爾的專家。」

路過工地時，人們總會抱怨：「為什麼一直在施工啊！」、「到底要施工到什麼時候？」平常使用的電梯維修了好幾天，害你忍不住脫口：「到底要維修幾天啊？」的時候，如果看到先進行防禦的先發性語句：「就算再晚，我們也會徹底為您檢查。」你心中的怒氣就會瞬間消失。

聽到他說話，我就想買！

- 產品一：學生教材。
- 話術一：對方回答「我們已經有在使用的教材了。」

你可以說：「原來您已經有在使用的教材了。但是，您衣櫃裡的領帶不會只有一條吧！想必有好幾條可以互換，最多幾十條也有可能。但是，您也不會因為您已經有領帶了，就在逛街時都不看領帶，對吧？您還是會看看有沒有您喜歡的新款式，因為領帶是消耗品，它遲早會舊、會破，或者不合流行。

「對於這種消耗品，您都會保持關心，不斷選購新的。既然您關心領帶的流行款式，那麼，對於日新月異的教育趨勢，您是不是更應該關心呢？教育可以改變孩子的未來。我相信，您絕對不是固守以前的教育方式，或是已經有別的就拒絕新東西的那種家長。」

- 產品二：鉛筆品牌商。
- 話術二：「我們種的樹是砍掉的樹的十倍」。
- 產品三：推出柴油車的汽車公司。
- 文案三：澄清「柴油對環境造成的影響不到二%，而且燃油效率反而比較高，耗油量更少，對環境更有益」，以消除消費者的疑慮與負面想法，也可以減輕消費者對於環境汙染的自責。

4 怕被人看扁，我總用氣勢對決

氣勢對決連在男女相親的場合裡都會發生了。所以，商務場合上不可能不存在氣勢對決，對話的關鍵在於人，人則受到周遭環境與情況的影響。不是你說服別人，就是你被別人說服。

如果你不在最一開始就先適當或澈底的削減對方的氣勢，之後協商或談判時，對方就可能完全不把你放在眼裡。

一開始就先挫對方的銳氣

我要為「ＤＢ」產物保險公司的全國各地分店長進行銷售演講之前，我讀了負責人給我的電子郵件，該郵件內容讓我驚訝得說不出話：「保險分為人身保險與產物保險，我們是產物保險公司，（中略），您可能會有很多不了解的地方，歡迎您隨時聯絡。」

他們把我視為新手講師。於是，演講當天，我開頭就說：「第一個在電視購物節目上銷售東部火災保險公司（ＤＢ產物保險公司前身）產品的人就是我。我把東部火災保險公司的產品介紹到全國各地，而且最早展開銷售。那已經是十四年前了。」

到Lina人壽保險公司演講時，我也開場道：「第一個牙齒險在韓國開賣的日子是二〇〇八年九月一日。在那之前，大家做夢也沒想到牙齒也能夠獲得保障。為了讓產品順利上市，第一個進行產品訓練的人就是我。時間真的過得太快了。」

我曾經受到「Meritz」火災海上保險公司的委託，在全國各地舉行了幾次事業項目說明會，韓國的人壽保險公司、產物保險公司、環球大西洋金融集團等非常多保險業人士都參加了說明會，連在保險業打滾二三十年、隨著保險業一同成長的人也來了好幾百名。

簡言之，那是保險業高手齊聚的場合，我卻必須站在臺上對他們高談闊論。

近幾年，簡報風格有越來越簡潔的趨勢，所以我也採用了簡潔的簡報風格，只用幾個關鍵字來演講。一開始，我先在黑色背景上，以白色字體呈現數字「33」，並開口道：「我想為大家說一個存在於保險業最底、最深的故事。你可能會想：『張文政對保險了解多少？』三十三！現場如果有任何人的數字高過我的這個數字，我會毫不猶豫走下臺。

「除了郵局保險、互助會以外，韓國四十一間人壽及產物保險公司裡，我銷售過三十三間公司的產品、進行訓練、擬定銷售話術、在節目上銷售，以及製作行銷影片。在《朝鮮日報》網站上搜尋我的名字，就會看到有文章稱我為電視購物保險商品始祖。在這個產業裡，我的經驗非常豐富。換言之，我有充分資格談論保險。關於這一點，我想先得到在場各位的認可，再開始我今天的演講。如果各位同意，請給我一個掌聲，謝謝！」

每次事業項目說明會我都如此開頭，每次都成功。經過十八個月的多方諮詢後，長期處於業界第五的Meritz火災海上保險公司晉升到了第一（二〇一八年三月為準），在保險業界的排名原本長達三十五年都未曾變動，卻一鼓作氣登上了最高寶座。說明會起到很大的效果。

或許其他保險公司也會看到這段話。對我們而言，前來委託的公司就是最重要的客戶。一旦成為我們的客戶，我們只會專注於客戶身上，並且做到最好。

本章重點

有個英文詞叫「breaching」（躍身擊浪），雖然英語國家使用這個詞的頻率並不高，但那是指鯨魚躍出海面、以身體拍擊水面的現象。

當藍鯨龐大的身軀躍出海面再擊打海浪時，人類都會發出讚嘆。有些郵輪甚至是以觀賞鯨魚躍身擊浪為目的而出發。不過，鯨魚身在海面以下時，你永遠不知道牠是大、是小、長什麼樣子；直到牠躍出水面之後，你才能夠知道牠是一頭多麼龐大的鯨魚。

如果你在公司裡總是默默工作，有誰知道你做得好不好？現在是必須「躍身擊浪」的時代。**你必須自己站出來，主動讓大家看到你。**所以，你不應該被動應對，而是應該主動出擊。不要等著觀察對手的行動，**你應該提早一步，使用先發性語言。**只要看破對方的心思，對方往往就會順從於你。「你正打算說這句話，對吧？」、「你的想法都被我看穿了！」、「我已經摸清了你的思路！」

如果自己正要說出的話被對方看透並且先說出來，自己的氣勢就會驟減，並感受到對方一點也不好對付。民調機構「Allensbacher」指出，現在的消費者在賣場聆聽產品說明之前，就已經先心存懷疑並產生防衛心，且這類型消費者的比例在過去十年內增為五倍。所以，運用適當的先發性語言，征服那些挑剔的顧客吧！

第 9 章

沒人喜歡數學，但人人相信數字

① 統計資料是最能製造錯覺的手段

人生在世，你不可能甩掉數字。小孩識字以前，就會先學數字；就算不識字，也一定認識數字。數字往往有明確根據，使人難以反駁；數字不會說謊，所以人人相信數字。數字既明確又具有實用性，所以人們認為數字是一種理性工具，但事實上，數字是很抽象的概念，因為你看不見、摸不著，也感覺不到它。

例如，蘋果有確切的顏色、觸感、大小、形狀、氣味、味道，但數字不具備這些。不過，人類依然認為數字蘊涵了秩序、比例，而且是絕對的。數字具有那樣的神祕感。在行銷與銷售領域裡，正因為數字是抽象的，所以它多多少少能夠經過人為加工，並作為一項理性武器，非常奧妙。

數字能夠使人釐清思緒，豁然開朗。每當有業務需要外包而對外詢價，總是有些公司會含糊其詞的回應，令人鬱悶。如果一開始就明確說出金額，不僅會更痛快，更可以依照金額去制定往後的計畫。

數字是人在思考時的重要依據，也是使人做出判斷的核心關鍵。數字是一項重要的行銷手段，因為數字與錢有直接關聯。本章將介紹統計性語言，教你如何利用數字，在理性層面上說服他人。

為何這裡提到的不是「數字」，而是「統計」？因為**統計資料裡存在無數個可供操作的獨立變因，這是統計資料的缺點，但也是優點**。同樣的數字，經過不同程度的操作，會展現出不同的意義。**所以，統計資料是一種可以用來說服他人的手段。**

例如，根據統計資料來找出死亡率最高的危險場所，我們可以說：「死亡率最高的地方就是床。」從統計上來說，這或許是對的，因為生病的人大部分都是在床上死亡。但是，床真的是那麼危險的地方嗎？

統計資料看似可靠、固定不變，但其實最容易用來進行宣傳廣告，能夠巧妙的扭曲事實。假設你參加某事業項目說明會，我正在臺上發表簡報，卻不是在宣傳年銷售額達三百億韓元的B公司，而是年銷售額不到其五分之一的A公司。請看下面的數字：

	去年銷售額	今年銷售額
A公司	三十億韓元	六十億韓元
B公司	兩百億韓元	三百億韓元

再怎麼看，A公司的規模都比B公司小得多。A公司今年的銷售額雖然比前一年多了三十億韓元，B公司卻多了一百億韓元。但是，此處如果加上一項統計資料，情況就大大不

債務為七千萬韓元左右。這項統計資料值得相信嗎？我分明沒有任何債務。如果根據這項統計資料，與鄰居合計，債務便增為兩倍，高達一億四千萬韓元，這就是統計資料的謬誤。

統計的謬誤成為行銷的良機

美國「辛普森案」可以反映出統計謬誤所造成的影響。一九九四年六月十三日，美式足球運動員辛普森的前妻與她的男友被發現遭人刺死，辛普森被懷疑是凶手。辛普森的家中有一隻沾有血液的手套，DNA檢測結果證明為死者的血液。而且，辛普森平時經常對前妻惡言相向及施暴。

然而，辛普森在著名律師的幫助下被判無罪，其中最有力的理由之一就是統計資料。當時，受害者的律師團主張「辛普森平時經常毆打與辱罵妻子」，因此指控辛普森就是殺人凶手；但是，辛普森的其中一名律師德蕭維奇（Alan Dershowitz）反駁說，根據統計資料，一千名被丈夫毆打的妻子之中，只有一個會被丈夫殺害，因此主張辛普森雖然毆打與辱罵妻子，但他是殺人犯的機率只有〇・一％。

辛普森被判無罪。許久之後的某日，天普大學數學系教授保羅斯（John Allen Paulos）發現其中存在著統計謬誤。如果反過來問，「被毆打的妻子死亡時，平時經常毆打她的丈夫是凶手的機率為多少？」則機率高達八〇％，代表辛普森很有可能是凶手。由此可見，統計資料能夠使人合理的相信，也能夠合理的欺騙他人。面對統計資料，人們不會想到其中存在謬誤，只覺得它是公正的。

這樣的統計謬誤，在行銷時反而成為良機，因為可以操作數字，刻意強調好的那一面。例如，東大邱車站裡寫著：「您現在種了八棵松樹。」這是因為，來回於首爾與東大邱之間的二氧化碳排放量，鐵路為八公斤，汽車為四十九公斤，換算後，乘坐鐵路等於省下每年八棵松樹所吸收的二氧化碳量，因此宣傳「低碳而環保的唯一交通方式就是鐵路」，但這項統計資料也存在巨大的謬誤。

這其中忽略了火車疾駛時的碳排放量及火車生產過程中所產生的碳排放量，但很少有乘客會進行這樣的計算，只會被宣傳文案影響，認為「應該為了環保而更常使用鐵路」。

統計資料也是用來引起錯覺的一項武器。記者經常報導「每年，每三對結婚就有一對離婚」，但這種標題聳動的新聞卻會引起錯覺。事實上，在同一年辦理離婚的伴侶並不一定都是在同一年結婚的，將某一年的離婚件數與同年度的結婚件數互相比較，本身就是荒唐的。

這種統計錯覺可以直接應用在行銷上。（見下頁某化妝品的實驗統計結果）

如果拿以上統計資料進行廣告，會讓人以為使用該化妝品後皮膚會變好。但事實上，那並不代表實際使用後的皮膚改善成效，只是免費試用產品的人心懷感激的回饋「用過之後感覺好像變好了」，業者再將那些反應結果轉化為統計資料，讓人以為是具有科學性的改善成效，刺激消費者的購買慾。這很可能只是「巴納姆效應」（Barnum effect，一種心理現象，指人們對於認為是為自己量身訂做的人格描述，給予高度準確的評價。但這些描述模糊且普遍，能適用於許多人身上），試用者認為很好用，便顯得產品真的很好用。

統計性語言的優點：

1. 使資訊清楚明確。
2. 使資訊變得專業。
3. 快速表達資訊。
4. 使聽者理性的相信。

由此可見，統計資料隱含了謬誤與錯覺，且具有抽象性與象徵性。只要適當的操作變因，朝向有利於自己的方向，統計資料就會成為強大的行銷武器。展示出經過操作的統計資料，使對方做出明確而客觀的理性決定，就是統計性語言的力量。

試用心得	比例
感覺皮膚變柔軟了	87%
感覺皮膚變有彈性	81%
感覺皮膚變結實了	89%

2 別花錢在沒用的地方，例如市場調查

一般統計資料出現謬誤的原因是「取樣偏誤」（sample bias）。顧名思義，就是取樣時出現偏誤，以少數樣本為依據，對整體做出含有偏誤的判斷（典型的取樣偏誤例子是，向十個消費者展示產品後得到很好的反響，便相信在市場上也會得到很好的反響）。進行廣泛調查並取得一定數量的資料後，便推出產品，但市場反應卻全然不同。

假設一個美國人隨機觀察了十名居住在紐約的韓國人，認為他們「衝動、求快、急躁」，以為他就此了解所有的韓國人，他便是犯了取樣偏誤，由少數樣本而產生了偏見。

全球最大的住宅共享網站「Love Home Swap」執行長沃斯考（Debbie Wosskow）表示，因為自己是家庭主婦也是媽媽，所以她很了解男性所不知道的主婦與媽媽的心情。這是很傻的想法，因為是女性，所以很了解女性；因為是家庭主婦，所以很了解家庭主婦？這就像說「因為我是韓國人，所以我很了解韓國人」，但你了解韓國的消費者嗎？根本不可能！

市場調查都是謊言。仔細看的話，內容皆是空話。有關英國是否將退出歐盟或者留下，歐洲六大權威民調機構都預測「英國會留在歐盟」，但最後都變成了傻瓜。

二〇一二年美國大選前夕，蓋洛普民調指出，共和黨候選人羅姆尼的支持率為五二％，

歐巴馬為四五％，所以預測共和黨會取得勝利，結果卻是歐巴馬輕鬆獲勝。二〇一六年大選的希拉蕊與川普的對決中，《赫芬頓郵報》（*Huffpost*）預測希拉蕊的勝率為九八％，《紐約時報》（*The New York Times*）與路透社分別預測八五％與九〇％，但最後全都變成空言。

「透過問卷調查而獲得的資料如今已經沒有太大的用處，也不太能夠信任。」這是擔任蓋洛普的執行長長達二十七年的克利夫頓（**Jim Clifton**），在二〇一五年亞洲領導論壇上說的話，不是很諷刺嗎？

無法解讀心思的調查

企業往往在推出新產品之前花費大量費用，以調查消費者的喜好。產品上市之前，幾乎所有人的反應都很好；但實際上市後，很多產品都遭逢慘敗，原因何在？因為他們只調查最初始的第一輪資料。

例如，「產品上市後，你會願意購買嗎？」受訪者當然會給予肯定的答覆，卻不等於他們內心真正的想法及實際上的消費行為。如果只憑調查結果就滿懷信心的推出產品，就可能發生這種災難。

員工通常只報告「消費者喜好度是百分之幾」這種簡單的數據與統計資料，執行長也只看這些。但是，統計資料無法讀出消費者對於產品的情感與欲望。

如果以科學性統計資料指出「早晨一根菸比一杯咖啡更糟糕」，難道就能夠阻止癮君子在早上享受一邊叼著菸、一邊喝咖啡的浪漫嗎？純粹一個GDP數字並無法說明一個國家複雜的經濟狀況；同理，行銷時也不要依賴這些毫無意義的數字。

即便如此，企業依然會在產品上市之前花費巨資實施統計調查，因為不這麼做就會感到不安。

英國蘭卡斯特大學（University of Lancaster）、林肯大學（University of Lincoln）、哈特福德郡大學（University of Hertfordshire）的三校共同研究小組，對五百名智慧型手機使用者進行比較，得到罕見的研究結果。他們分析使用者的性格，結論是「Android手機使用者正直、謙虛；iPhone使用者感性、開放」。

這種研究真是浪費錢。假如我妹妹原本使用Android手機，聽了賣場工作人員的推銷後就換成iPhone，所以代表她的性格不再內向、變得開放了嗎？真是荒謬。

我長期為金融業人士進行訓練，發現大部分金融企業都會分析客戶的投資傾向，並且隨意取名為「攻擊型」、「穩定型」、「分散投資型」等。訪問某投資顧問公司時聽說，有一對現金資產一百億韓元的夫婦在咖啡廳接受諮詢時，兩人一起喝一杯咖啡；相反的，一個只吃便宜海苔飯卷的女士卻是開賓利。這兩種人應該是哪一型？人類不像電視劇角色一樣具有固定傾向，並不能用統計來預測。

以「消費傾向」分類消費者的現象始於一九四〇年代的美國。如今，行銷業者也習慣將反而省水」。

「買蓮蓬頭需要花三萬韓元，但是新的蓮蓬頭，水柱更細，以四人家庭為例，每年可以省下四萬公升的水。按照每噸水費一千韓元計算的話，省下四萬公升的水相當於省下四萬韓元。換新的蓮蓬頭（花三萬韓元），使用一年（省四萬韓元），您反而多省了一萬韓元。」這麼換算的話，消費者花了三萬反而賺回一萬韓元。

根據我長期以來的經驗，消費者都會相當理性的接受這種換算法。如果你接著說一些感性的語句：「它的水就像淨水器的水一樣乾淨，而且洗起來感覺像瀑布一樣清爽，心情會變得很好。當你感受到那細微而柔和的水分子，你才會發現以前皮膚都被水柱強烈的沖著，原來皮膚一直被虐待！」就能創造出一個先理性、後感性的精彩故事。

為消費行為創造理性藉口

再看另一個案例。假設消費者家裡的冷氣機正常運作，你要說服他換成新型空調，並不容易，因為消費者會認為：「又沒故障，好好的為什麼要換呢？」這時，你應該如何說服消費者購買？有一百名家電銷售員被詢問這個問題，其中最常見的切入點是「新型空調設計得很漂亮」、「噪音小」、「新產品的電費比較低」等。

但這些方法大多訴諸感性層面，說服力比較低。那麼，我們試著用理性的「費用換算法」來說服：「您知道換掉十年以上的空調，使用新空調八年就能夠回本嗎？以五十九・四平方公尺的面積為例，使用十年以上的LG空調會消耗一百七十三・五千瓦的電力，但今年上市的新款Whisen空調只消耗六十二・四千瓦。

「也就是說，十年以上的LG空調每月要支出六萬七千韓元的電費，但新款空調只需要花費三五％，即兩萬四千韓元。調查結果顯示，韓國公寓住戶通常在六月到九月的四個月期間使用空調。算下來，等於每年可以節省十七萬兩千韓元的電費。如果您花一百五十萬韓元購買新型空調，每年收回十五萬韓元，八年後，您當初花費的金額就差不多都賺回來了。」

將具體的換算法呈現給消費者，等於給消費者一個明確的理性藉口去購買新的空調。最後，以感性層面訴求進行收尾即可：「俐落的設計讓人看了心情就好，而且沒有噪音，可以讓您擁有舒適的睡眠。」當你在消費者的腦中進行換算，幾乎就是說服成功了。

終究，感性之前必須先有理性。不要總是從感性層面去廣告你的產品，而是試著從產品費用中扣除預估使用後能夠省下的金額。如果有多餘的錢，就透過語言還給消費者。

話，他說對於我剛剛結束的兒童保險銷售節目的開場感到印象深刻。就連他臺的主持人都認可，我開始認為自己的確做得很不錯。我那時賣的是兒童保險產品，一個月的保險費只有九千九百韓元，非常便宜，但除此之外沒有其他優點。

所以，我運用了統計性語言：「您好！我是張文政，現在透過直播節目來向各位問候。『現在幾點了？』、『現在是幾點幾分』，我們經常問現在『幾點』，也會問『幾分』，但我們不會問『幾秒』。為什麼？因為我們認為整個人生裡，『秒』這一個時間單位是沒有意義的。

「但是您知道在這一秒的時間裡會發生多少有意義的事情嗎？投手擲出球、球被打者擊中後再次來到投手的方向，所需的時間是一秒。對投手而言，這是非常具有意義的時間。

「開槍後，子彈會在一秒內飛越九百公尺，對射擊者而言，也是非常具有意義的時間。下雨時，蝸牛每秒移動一公分，對蝸牛而言，這也是具有意義的時間。地球每秒移動三十公里，對天文學家而言，這是很有意義的時間。

「地球從太陽那裡獲得五百億千瓦的能量，對所有生命體而言，那都是具有意義的時間。雖然一秒看似微不足道，但事實上發生了許多非常有意義的事情。

「九千九百韓元，這是給孩子的保險費，還不到兩杯咖啡的錢。你可能會想，這一點錢能帶給我的孩子什麼幫助？我們會讓您看見，這一點錢會在您孩子的成長過程中，為父母創造出多麼有意義的時間。」

如同以上的幾個案例，你的產品也會隱含很多統計資料在其中，試著美化它們，並轉化為漂亮的統計語言。

聽到他說話，我就想買！

- 產品一：結婚戒指。
- 話術一：說服新郎買大克拉的鑽戒：「統計資料指出，結婚後的女性一生會看著自己手上的結婚戒指一百萬次以上。您想要讓太太想著『我嫁對人』一百萬次？還是要讓太太想著『真是可惜』一百萬次？」
- 產品二：綜合食品公司的即食食品。
- 話術二：「上班族經常一邊吃著公司內部餐廳的飯菜，一邊抱怨『又是這個？菜色都一樣？』。每年開發出三百種『新食譜』，等於每天上班都能吃到從沒吃過的新食物。一萬五千個食譜也意味著，如果週末兩天也上班，長達四十一年、每年三百六十五天，你天天都能吃到不一樣的午餐。從你進入公司的第一天到退休為止，你絕不會吃到相同的菜色。只要改用愛味弘，您的味覺就會變得無比豐富。」

「現在是多少？一%左右。以後會如何發展？歐洲已經有二十多個國家從零利率下調至負利率：法國、德國、荷蘭、西班牙、葡萄牙、丹麥、瑞典、瑞士、希臘、愛爾蘭、義大利、盧森堡、奧地利、比利時、賽普勒斯、斯洛伐克、愛沙尼亞、立陶宛、馬爾他等。也就是說，把錢交給銀行，自己還要貼錢，是非常荒唐的情況。韓國的金融發展會朝著已開發國家的方向發展。所以，你想，以後利率應該是上升，還是下降？」

像這樣，以統計資料這項理性工具來說理的話，可以使對方更欣然接受自己的主張。

明確的根據，清楚的條理

如果你建議消費者「請購買金融免稅商品」，對方卻質疑：「為何要購買？」你應該如何說服他？「因為免稅優惠越來越少，以後想賺也賺不到。」這麼說，消費者就會購買嗎？

當然不會。但是，如果使用統計資料，逐漸導出結論，就能提高說服力：「所有物品都會被徵稅，物品價格裡的某一部分會進入國庫。原則上，所有金融商品都要扣一五・四%的稅。花錢時被課稅已經令人感到委屈，但努力存錢所得的利息也要被課稅，利息為一百萬韓元的話，要被課十五萬韓元的稅。

「但是購買金融免稅商品，你不必付任何稅金。一九九四年以前，免稅商品只要維持三年即可；一九九六年改為維持五年；二〇〇三年改為維持七年；二〇〇四年，變成維持十年以上。

「二〇一三年，同樣必須維持十年，一次性繳納兩億韓元以下的話免課稅，兩億韓元以上的儲蓄額都要課稅。二〇一七年四月一日起，維持十年是基本，只有一次性繳納一億韓元以下或月繳一百五十萬韓元以下，可以享受免稅優惠。

「無論如何，享有免稅優惠變得越來越困難。再這樣下去，免稅商品本身可能會消失。在還來得及的時候，請盡量購買最高額的金融免稅商品。」

用這種方式說理時，即使你只說到一半，對方也會感受到你的結論越來越明確了，而逐漸被你說服。**如果統計資料完善，你的條理就會分明，使你的主張變得有力。**

「發酵保養品」，而是主打從八十種植物裡萃取原料後，在攝氏三十七度下發酵，並主張攝氏三十七度是發酵的最佳溫度。

用數字先引起好奇

我曾經提供過銷售訓練的「熊津Think Big」系列教材並非紙本書，而是要下載到平板電腦上的電子書形式。教材的廣告文案是「裝進整座圖書館」，但不只是說「圖書館」，而是明確說「裡面裝了一百二十多間出版社的各類圖書」。

與其只是說書的種類很多，不如明確闡述書有多少類別，傳達的訊息也會更強烈。

「濟州三多水」比其他瓶裝水貴。在超市購買瓶裝水並考慮應該選擇什麼品牌時，都會不得不比較價格上的差異。當你認為「反正一樣都是水，就買便宜的吧」，你卻會看到「三多水」清楚標出數字：「水在身體中停留的時間是三十天。您只要思考三秒，就會看到好的水在哪。」

這類統計資料雖然通常直接被消費者接受，但有時如果沒有附加說明，就會顯得像是無法令人理解的數字。即使是這樣，它也能刺激人們的好奇心，令人期待「裡面似乎隱藏了某種重要的東西」。

「綠茶園」沒有使用模糊的廣告文案：「不是快速栽培而成的綠茶，而是長時間精心栽培的綠茶」，而是標榜「經過一千零九十五天的漫長等待才得到的珍貴有機綠茶」。而且，不是一千天，而是非得加上那九十五天。雖然我們無法得知那樣的日數是否為刻意達成，但清楚的數字可以傳遞出明確的訊息。

第一名的咖啡品牌是誰？是星巴克嗎？並不是，是可口可樂。全球咖啡銷量第一的品牌是可口可樂旗下的咖啡品牌「喬亞」（Georgia），其產品「Gotica」標榜只使用在安地斯高山上慢慢成熟、「達六毫米以上的最大最好的咖啡生豆」，皆由人工採摘，並且「十四度低溫運送」、「烘焙後二十四小時內萃取」。

事實上，消費者並不清楚咖啡豆應該更大還是更小會比較好，也不清楚運送過程中究竟要維持幾度才算是低溫。但是，即便不具備相關知識，以上文案中的數字會讓人覺得真有那麼一回事。

橋村炸雞標榜「油炸兩次，塗抹醬料七十五次」。雖然消費者無法親自確認，也不知道這兩點哪裡重要，但因為數字明確，仍能感覺到真實性。「Hite真露Max」啤酒的電視廣告呈現出一杯覆滿泡沫的啤酒與停在兩百六十六秒的碼錶，兩百六十六秒代表了什麼？代表「啤酒上方的泡沫可持續長達兩百六十六秒」。

那有什麼意義？難道是要人們在五分鐘之內把啤酒喝完嗎？有誰知道！但你的好奇心不正被激發了嗎？

讓數字變得有意義

從上面的數字遊戲可以看出，業者運用統計資料時，必須進一步將數字包裝得有模有樣。要用來吸引消費者的重要數字就應該被凸顯，使消費者感受到它的意義。你必須為數字賦予意義，讓數字顯得更高貴、更重要，更充滿戲劇性。

例如：「說到七，你會想起什麼？幸運數字七、七龍珠、彩虹的七個顏色、一週七天、哺乳類有七塊頸椎骨？還有讓全家人踏上最幸福旅程的汽車座椅數！七人座的休旅車比超跑更好！對一家四口來說，五個座位並不夠，因為寵物往往也會占據一個位子，而且隨著休閒活動的增加，行李也越來越多。

「與家人或鄰居一起出遊，與其分乘兩輛車，不如共乘一輛車，更經濟、更有趣！七不是幸運，而是幸福。」

如此戲劇化的描述人們經常接觸到的數字，即使那輛車還有其他功能，七這個的數字也會變成那輛車最具代表性的魅力。數字本身雖然單調，但我們可以賦予它不同程度的意義。

品牌「自然樂園」的「夏威夷清新」系列產品的廣告詞提到「以九百一十四公尺的海洋深層水製成」。為何不是九百公尺，而是要具體再加上十四公尺？消費者不可能去挖掘那九百一十四公尺深的泥土，也不會在意那裡隱藏著什麼。

為了解答我心中的疑問，我試著搜尋相關資料，但仍然找不到答案。當我將這個數字換算為其他單位後，我突然笑了出來，因為換算成「碼」的話，剛好等於一千碼，代表是以海底一千碼處的海水製作而成。問題是，一般消費者根本不關心這件事，那「九百一十四」的數字未能被賦予任何意義。

如果委託我的話，我會改用以下具有意義的語句：「在海底相當於雉嶽山高度（約一千公尺）之深的地方，取得自遠古沉睡至今的深層水，讓皮膚吸收進去。」

正官庄只銷售六年根的人蔘，而且不斷宣傳這一點很重要。如果是我，我會增添更多故事性：「如果農夫在小孩進入小學時種下六年根人蔘，必須一直等到小孩進入國中時才能收成。就像看著子女多年成長的過程，唯有保持長期的耐心與真誠，才能得到如此珍貴的人蔘。」像這樣，銷售者認為很重要的數字，也應該讓消費者感受到其重要性。

根據我為教元、熊津、大教等韓國國內教育業領先品牌提供銷售指導的經驗，統計性語言在宣傳幼童相關教育產品時尤其有效。家長習慣在購買教育產品時盲目相信統計資料，因此必須為數字賦予意義。

例如，與其只是說：「孩子長大後，父母就很難幫他奠定學習模式了，應該從現在開始！」不如說：「教育學者認為應該以小學四年級為分水嶺，小學四年級以後，孩子的主觀想法就會變得清晰且好惡分明，屆時再怎麼強迫孩子學習也來不及，所以應該從現在開始奠定學習模式。」利用數字，準確傳遞訊息。

與其說「幼兒的大腦就像海綿，讓孩子從現在開始學習」，不如說「根據二〇一二年二月十四日《每日經濟》的報導，三十六個月大的大腦非常活躍，孩子會對周遭事物變得非常好奇。因此，在那個時期裡，您為子女的大腦灌輸什麼，將決定他一生教育的成敗。您的孩子現正處於這個時期！」會更有說服力。

與其說「三歲定八十」這種誰都懂得使用的俗諺，不如說「人類行動的四〇%都是根據習慣而反射性的行動，其中大部分都在不到十歲時形成。這輩子的情緒、個性、智力、學習態度都是小時候決定的，所以這個時期的投資非常重要」，顯得更加專業。

這種統計性語言能夠為你的主張增添說服力。我想問問各位，我們經常把人生比喻為馬拉松，大家都同意嗎？拜託！這種比喻無憑無據，根本令人無感。

如果換成從統計資料的角度來看：「馬拉松的最新世界紀錄是，二〇一四年九月二十八日德國柏林馬拉松大賽上，肯亞選手丹尼斯・基梅托（Dennis Kipruto Kimetto）所締造的兩小時兩分五十七秒。

「這樣的速度事實上非常快，等於以十七秒跑完百米，對於非馬拉松選手的普通人而言是全力奔跑，基梅托卻以這樣的速度跑了兩個多小時。我們的人生不可能從頭到尾都在全力奔跑，所以，人生不應該被比喻為馬拉松。

「但令人悲傷的是，我的孩子的人生就是一場必須全力奔跑的馬拉松，因為只要缺課一天就會落後進度，只要生病幾天就會跟不上全班，而其他孩子會不停瘋狂向前跑。孩子如果要在人生的馬拉松比賽中獲得第一名，最重要的不是意志或精神，而是能夠快跑十七秒的強健肌肉。本教材可以發揮這樣的作用。」

這段話的關鍵是「十七秒」這個簡單的數字，比人們平時隨口說出的比喻強多了。

「在母親小時候的年代，談到『長大後想成為什麼人』，通常會出現『總統』或『韓國小姐』這種回答。但現在的時代已經非常不同了，『長大後想成為什麼人』這種提問變得不再重要。根據世界經濟論壇（WEF）與牛津大學的研究結果，今年進入小學的全世界七歲兒童中，有六五％的兒童未來將從事目前仍不存在的職業。也就是說，我們的孩子正在面對一個未知的未來。無論孩子未來從事什麼職業，父母都應該為孩子培養出能夠靈活應對的綜合思考能力。」

聽到他說話，我就想買！

- 產品一：家電品牌「Miele」的洗衣機。
- 話術一：「包括電源開關在內的所有按鍵都測試過五萬次，並且進行洗衣測試五千次。」家電用品的壽命通常很難超過十年，但Miele主打可以使用至少二十年。如此宣傳的話，真實性就會提高。

- 產品二：太陽眼鏡。
- 話術二：「即使太陽眼鏡只短了六毫米，到達眼睛的紫外線也會增加四五%。即使戴上太陽眼鏡，也無法阻擋從眼鏡上方、下方、兩側進入的紫外線。所以，太陽眼鏡應該盡量選擇大的，才是能夠保護眼睛的智慧選擇。之所以使用太陽眼鏡，正是為了阻擋紫外線。」
- 產品三：可口可樂旗下的咖啡品牌「喬亞」（Georgia）。
- 話術三：標榜「只使用在安地斯高山上慢慢成熟」、「達六毫米以上的最佳咖啡生豆」，皆由人工採摘，並且「十四度低溫運送」、「烘焙後二十四小時內萃取」。
- 產品四：炸雞。
- 話術四：「根據食品醫藥品安全處的統計，每一百公克食物裡的反式脂肪含量，人造奶油為一四・四公克，用微波爐做的爆米花為一一・二公克，甜甜圈為〇・九公克，但炸雞只有〇・九公克。」明確表明炸雞所含有的反式脂肪不過只有區區〇・九公克，就可以發揮出比任何說服技巧都更強大的效果。

7 不管哪一種結果，你都要舉證

有些消費者像是背對你的石雕佛像一樣，從頭到尾都不為所動。對這類消費者而言，統計性語言可能會是解方，因為統計資料清楚而分明，且是無法推翻的確鑿證據。

改變邏輯思路

假設你的面前有一位顧客，有錢卻不在意退休後的計畫，你說什麼話都無法動搖他。這時，試著運用統計性語言告訴他：「您打算什麼時候退休呢？國外有句俗諺說『一直拚命工作，可能真的會把命拚掉』。您應該趕快退休，好好享受生活才對。您千萬不能誤認為退休後的目的是存錢，退休後的目的應該是把賺來的錢花掉。

「如果您在六十歲退休，九十歲去世，您有三十年的時間只花錢、不賺錢。假設您從那時開始縮減經濟開支，夫婦兩人一個月只花兩百萬韓元，則每個人至少需要三・六億韓元。但是，統計資料是有漏洞的，因為沒有考量物價上漲的幅度。假設物價每年只上漲二％，那麼最少也得準備六億五千萬韓元。但還有另一個漏洞，韓國人一輩子的大半醫療費都花在六十歲之後，我們無法預測自己會罹患什麼病，無法預測屆時會需要多少醫療費用。如果計入這些費用，您一共需要多少？您應該從現在開始準備那些錢。」

當然，如果你已經提出如此具體的統計資料，對方依然不為所動，你就不應該留戀那個顧客。就像打撲克牌時偶爾也有必須扔掉卡片的時候，你不如將時間花在其他顧客身上，而不是繼續耗下去。

我在外食產業研究院擔任行銷講師多年，認識了一名連鎖餐廳的老闆。我為他的餐廳品牌提供諮詢時，我勸他在餐廳裡使用紙杯。他質疑：「用紙杯？那筆費用從何而來？全國的分店不是只有一、兩間而已。」

我立即運用統計性語言，在理性層面上說服他：「分店數量越多，用紙杯越有利。批發的話，一千個紙杯用六千韓元就可以買到，代表每個紙杯六元，每個顧客只花六元。反之，每次洗杯子時增加的水費、杯子的購買費用、洗杯子的廚房人力費用、每天都會打破幾個杯子的重新購買費用，以及洗杯子所耗費的時間，以上全部加起來的總費用與每個六元的紙杯費用相比，你認為哪一種更便宜？

「還有，最重要的是，如果顧客問：『為何這家餐廳不給一般的杯子，而是一次性紙杯？』一定要教育員工回答：『因為衛生！一個杯子被這個客人喝過、又被那個客人喝過，被許多人喝過的杯子再怎麼洗也無法令人放心。我們最重視的，就是衛生！』」

那位餐廳老闆很快就下令所有分店都改用紙杯。可見，只要使用統計性語言，對方會視為理性的主張，並且接受。如果再加上語言上的包裝，就是錦上添花。

如果經營炸雞店，最令顧客抗拒的原因就是認為「炸雞是有害健康的食物」。你可以這樣說，以減少顧客的那種想法：「根據食品醫藥品安全處的統計，每一百公克食物裡的反式脂肪含量，人造奶油為十四．四公克，用微波爐做的爆米花為十一．二公克，甜甜圈為〇．九公克，但炸雞只有〇．九公克。」如果明確表明炸雞所含有的反式脂肪不過只有區區〇．九公克，就可以發揮出比任何說服技巧都更強大的效果。

韓國在MERS流行期間，路上幾乎都沒有人。我公司的某名員工因為害怕與人接觸，打算去江原道避一避風頭。但我告訴他，那樣做並不會讓他安全度過MERS流行期間，反而會陷入危險，因為從統計性語言來看，他遇到汽車事故的機率甚至高於全國人民的MERS感染率。

如果你想要反駁對方的主張且帶有說服力，在陳述條理的過程中適時加入統計性語言，並將統計資料描述為一般常識的話，將有助於說服對方。

我的讀者中，很多人從事房地產業。接下來，我想談談房地產，作為統計性語言的最後一個例子。關於房地產的價格，即使我們讀遍所有經濟相關報導，也無法得到一個明確的答案。「房地產會漲！」、「房地產會降！」經常就這樣過了一年。我將示範如何適當的引用不同統計資料，分別支持這兩種主張。

房地產會漲！

加拿大的總面積是韓國的五十倍，但人口只有三千五百萬，比韓國更少。那麼，地廣人稀的加拿大與地稠人狹的韓國，哪一國的房價更高？答案令人啼笑皆非，是加拿大。從各國平均房價來看，主要國家中，韓國的房價最低，為兩億八千萬韓元；加拿大的房價則接近五億韓元。加拿大民調機構「Ekos Research」的調查結果指出，每五人就有兩人感受到加拿大的住房困難；在溫哥華、多倫多、卡加利等三大城市，低價公寓的住戶有一半以上的收入都用來支付居住費用。加拿大六大城市的房價曾經在一個月內就上漲二・七％，可見加拿大主要城市的房價可能達到暴漲的程度，社會各階層都擔心住房問題。

不僅在加拿大，紐約、舊金山、倫敦等世界主要城市的房價穩定政策也毫無效用，房價依然節節攀升。

美國的房價自二〇一一年以來上漲了五〇％；澳洲雪梨與墨爾本在過去一年內上漲了一二・一三％；德國大城市的房價在過去七年內也上漲了六〇％。由於買房困難，自有住宅普及率看來只有五三％，政府也不鼓勵自有住宅。連中國北京的房價也在一年內上漲了一〇％。韓國的房價僅比二〇〇〇年代後期的最高點高出五％，還有很大的上漲空間。

在巴黎，除了艾菲爾鐵塔以外，其他建築物都很低。反之，首爾四處公寓林立。那麼，巴黎和首爾，哪個城市的住宅數更多？雖然首爾看起來像是正確答案，但令人驚訝的是，真的太貴了。

薪水不漲，但房價繼續上漲的現象能夠持續多久？爬山的人終究要下山，飛上青天的鳥最終也必須回到地面，萬事萬物皆有起有落。往後，韓國房地產的行情只會像雲霄飛車一樣快速下跌。

看到這裡，你有什麼想法？以上兩種主張都具有相當的說服力。由此可見，統計資料就是說服力的來源；使用方法不同，結論就不同。

有錢能使鬼推磨。	中國俗諺
百倍富人使人懼，千倍富人使人甘願為奴。（原文：「伯則畏憚之，千則役」，出自司馬遷的《史記》）	中國俗諺
水長船高，泥多佛大。	佛經
金錢是個好士兵。	莎士比亞（William Shakespeare）
有錢萬事足。	英國俗諺
現金為王。	美國俗諺
銀行家一起吃飯時，他們討論藝術；藝術家一起吃飯時，他們討論錢。	王爾德
有人崇拜地位，有人崇拜英雄，有人崇拜權勢，也有人崇拜上帝……但是他們都崇拜金錢。	馬克・吐溫（Mark Twain）

以上與金錢相關的名言都反映出拜金主義，可見人類真的非常愛錢。雖然金錢帶有三十種以上細菌、氣味腥臭，且有錢之處必有各種貪慾、自私與歪心邪意，但我們依然渴望擁有金錢。

「金錢」（money）一詞源於羅馬天神朱庇特的妻子茱諾的別名「moneta」，原意為「用心看顧」或「照看」。但如今，人類不只是看顧金錢，而是拚命看顧；不是照看，而是侍奉。英國劇作家蕭伯納（George Bernard Shaw）曾言「錢是世界上最重要的東西」，因為錢很重要，所以必須看顧、侍奉之。

記者曾經詢問一名住在慶北榮州的一百零四歲的人瑞：「目前最想得到什麼？」令人驚訝的是，到了那個年紀，老人依然回答「錢」。活了一百多年，最重視的不是家族、健康、信任，而是金錢。

金錢具有很強的欺騙性，能使人喪失自尊、性格扭曲、陰險狡猾、厚顏無恥。生命本無價，金錢卻左右著生命的價值，使人以為錢是通往幸福的鑰匙而過度追求，因而衍生諸多問題：健康惡化、家庭失和、欺騙他人及犯罪。

你聽過「擔心金錢症候群」（money sickness syndrome）嗎？這是英國專門研究精神健康的亨德森（Roger Henderson）博士提出的用語，指為錢煩惱而感受到壓力的人的生理及心理症狀，包含呼吸急促、頭痛、噁心、食慾不振、毫無理由的憤怒、神經質、負面想法等。

哈佛大學教授吉爾伯特（Daniel Gillbert）指出，進行數十年的金錢與幸福關聯度研究的結果是「金錢與幸福並無多大關聯」。

另一位研究金錢與幸福關聯度的學者圖溫吉（Jean M. Twenge）博士則指出，「與重視良好人際關係的人相比，生活主要被金錢左右的人更常感到不安或憂鬱」。

參考資料

第一章

1. 未來創造科學部報告，二〇一六年五月十五日。
2. 廣電通訊委員會二〇一五年電視頻道收視率調查結果。
3. 韓國文化產業振興院報告，二〇一三年。
4. 統計廳，二〇一八年。
5. 大韓糖尿病學會報告《*Diabetes Fact Sheet in Korea 2016*》。
6. 新約聖經《哥林多前書》第九章第二十節至二十二節，新世界譯本。
7. 旅行博士旅行社。
8. 《朝鮮日報》，二〇〇九年十月二十四日。

第三章

1. 救世軍報告，二〇一七年。
2. 人壽保險協會，產物保險協會網站。
3. 金融監督院，二〇一六年。

of bacterial hand contamination during ratine neonetal care", <Intfection control and hospital epidemiology>, 25(3), 2004.

12. Cochrane, L., & Quester, P. <Fear in advertising; Th influence of consumers' product involvement and culture>, Journal of International Consumer Marketing, 17(2), 2005. pp. 7-32.

13. 《朝鮮日報》，二〇一六年七月六日。

14. 美國華盛頓大學健康測量與評估研究所的國際研究諮詢小組，一九九〇年至二〇一三年全球一百八十八個國家調查結果。英國醫學專刊《刺胳針》（*The Lancet*），二〇一五年六月八日。

15. 第七屆保健醫療政策論壇報告，二〇一六年十月。

第六章

1. 氣象廳，二〇一八年一月二十五日。
2. 《朝鮮日報》，二〇一五年七月一日。
3. 《每日經濟》，二〇一八手三月二十一日。
4. 市場調查機構LinkAztec。二〇一八年。
5. 李承恩，〈比較廣告類型對廣告效果的影響：以受眾的認知、欲望和產品類型為中心〉，中央大學研究所，二〇一四年。

6. AC尼爾森，二〇一四年十二月。

第七章

1. 張文政，《回到人的懷抱裡》，sammparkers，二〇一五年。
2. 李承南，《威脅我家人的餐桌上的誘惑》，京鄉傳媒，二〇一〇年，第一六〇頁。
3. 統計廳，二〇一七年資料。
4. 基因改造食品中，黃豆與玉米占整體進口量的九九%，但不直接使用全部，僅使用其中的澱粉或脂肪。像豆漿、豆腐等使用完整豆子的，或者像醬油一樣使用蛋白質的，只會使用非基因改造黃豆。基因改造黃豆中，只有二〇%的油脂用於製作食用油，其餘部分用於飼料（《韓國經濟》，二〇一八年一月二十一日）。
5. 《中央日報》，二〇一五年六月二十九日。
6. 英國大眾雜誌《mirror》，二〇一六年三月三日。
7. 《朝鮮日報》，二〇一五年五月二十八日。

第八章

1. 富川市精神健康促進中心，二〇一六年報告。

第九章

1. Thomas Hine,《The Rise and Fall of the American Teenager》, Perennial, 2009.
2. 韓國銀行。
3. 韓國銀行，一九九一年一月一日至一九九四年九月三十日，維持三年。
4. 韓國銀行，一九九四年十月一日至一九九六年五月十二日，維持五年。
5. 韓國銀行，一九九六年五月十三日至一九九八年三月三十一日，維持七年；一九九八年四月一日至二〇〇〇年十二月三十一日，維持五年；二〇〇一年一月一日至二〇〇三年十二月三十一日，維持七年。
6. 韓國銀行，二〇〇四年一月一日起，維持十年。
7. 韓國銀行，二〇一三年二月十五日起，維持十年及一次性繳納未達兩億韓元。
8. 韓國銀行，二〇一七年四月一日起，維持十年及一次性繳納一億以下、月繳一百五十萬韓元以下。
9. 《朝鮮日報》，二〇一六年一月三十日。
10. 食品藥品安全處，二〇一八年。
11. 《聯合新聞》，二〇一七年七月四日。
12. 《朝鮮日報》，二〇一七年八月二十五日。
13. 首爾研究院。二〇一七年。

14. 統計廳，二〇一八年。
15. 《朝鮮日報》，二〇一七年八月十一日。
16. 《朝鮮日報》，二〇一六年十月十四日。
17. 《朝鮮日報》，二〇一七年六月十二日。
18. 統計廳，《二〇一五年住宅持有統計調查》，二〇一六年十二月十五日。
19. 三萬七千五百三十九萬個。二〇一七年七月為準，韓國便利商店產業協會。
20. 大韓建設協會，二〇一八年。
21. KBS，金元璋，二〇一八年二月二十一日。
22. 《京鄉新聞》，二〇一六年十一月二十九日。
23. 《朝鮮日報》，二〇一七年六月十二日。
24. 韓國銀行，〈金融市場動向〉，以二〇一八年八月為準。
25. 國土交通部，〈廣域地方自治單位別登記租賃業者〉，二〇一七年八月三十日。
26. 《朝鮮日報》，二〇一七年六月十六日。
27. 統計廳，〈二〇一五年人口住宅總調查〉，二〇一七年一月三日。
28. 統計廳，《未來人口推估報告》（市、道）。《韓國經濟》，二〇一七年八月二十三日。
29. 國土部，二〇一六年十二月。

結語

1. 舊約聖經《傳道書》第七章第十二節，新世界譯本。
2. 《善生經》的「四分法」。
3. 新約聖經《提摩太前書》第六章第十節，英王欽定本。
4. Dr. Jean M. Twenge，〈Generation Me〉, Atria Books, 2014.
5. 舊約聖經《箴言》第十八章第十一節，新世界譯本。
6. 舊約聖經《箴言》第二十三章第五節，現代英文譯本。
7. 舊約聖經《傳道書》第五章第十節，新世界譯本。
8. 舊約聖經《箴言》第二十七章第二十節，新世界譯本。
9. 張文政，《回到人的懷抱裡》，samnparkers，二〇一五年。

國家圖書館出版品預行編目（CIP）資料

聽到他說話，我就想買！：金氏世界紀錄的韓國銷售天王，讓顧客立馬打開錢包的九大銷售技巧 / 張文政著；邱麟翔譯
-- 初版. -- 臺北市：大是文化，2020.11
336面：17×23公分. --（Biz：338）
譯自：왜 그 사람이 말하면 사고 싶을까? 끄덕이고, 빠져들고, 사게 만드는 9가지 '말'의 기술
ISBN 978-986-5548-08-7（平裝）

1. 銷售　2. 職場成功法

496.5　　109011108

Biz 338

聽到他說話，我就想買！

金氏世界紀錄的韓國銷售天王，讓顧客立馬打開錢包的九大銷售技巧

作　　者／張文政
譯　　者／邱麟翔
責任編輯／江育瑄
校對編輯／郭亮均
美術編輯／張皓婷
副 主 編／馬祥芬
副總編輯／顏惠君
總 編 輯／吳依瑋
發 行 人／徐仲秋
會　　計／許鳳雪、陳嬅娟
版權經理／郝麗珍
行銷企劃／徐千晴、周以婷
業務助理／王德渝
業務專員／馬絮盈、留婉茹
業務經理／林裕安
總 經 理／陳絜吾

出 版 者／大是文化有限公司
臺北市 100 衡陽路 7 號 8 樓
編輯部電話：（02）2375-7911
購書相關資訊請洽：（02）2375-7911 分機122
24小時讀者服務傳真：（02）2375-6999
讀者服務E-mail：haom@ms28.hinet.net
郵政劃撥帳號 19983366　戶名／大是文化有限公司

法律顧問／永然聯合法律事務所
香港發行／豐達出版發行有限公司 Rich Publishing & Distribution Ltd
香港柴灣永泰道 70 號柴灣工業城第 2 期 1805 室
Unit 1805, Ph. 2, Chai Wan Ind City, 70 Wing Tai Rd, Chai Wan, Hong Kong
電話：（852）2172-6513　傳真：（852）2172-4355
E-mail：cary@subseasy.com.hk

封面設計／林雯瑛　內頁排版／思思
印　　刷／緯峰印刷股份有限公司

出版日期／2020 年 11 月初版　Printed in Taiwan
I S B N　978-986-5548-08-7（缺頁或裝訂錯誤的書，請寄回更換）　定價／新臺幣 399 元